はじめる
楽しむ
発信する

ぷらいまり。著

noteのガイドブック

技術評論社

はじめに

あなたが本書を手に取ってくださったきっかけは、どのようなものでしょうか？　文章や写真、マンガや音楽など「自分の創作したものを発信したい」と考えたことでしょうか？　自分の小売店やECサイトなどの「魅力を伝えたい！」と考えたことや、もしくは、企業の広報としてnoteを担当することになったことかもしれません。

でもきっと、みなさん変わらず、何かを「発信したい」「伝えたい」という気持ちがあると思います。

webで何かを発信する手段として、さまざまなSNSやブログサイトがあります。そんな中、noteは「だれもが創作を楽しんで続けられるよう、安心できる雰囲気や、多様性」を大切にし、何かを創作したい、発信したいと考える人に寄り添ったサービスであることが特徴です。noteに投稿する人を、「クリエイター」と呼ぶ点にも、その姿勢が表れています。

本書は、これからnoteを始めたいと考えている方に向けて、noteの使い方を初歩から解説した書籍です。特に、noteをビジネスに生かしたいと考えている方に向けた内容を重点的に説明しています。

例えば、以下のような方に向けています。

・自分の作ったコンテンツをnoteで販売したい
・文章やイラスト、写真など、自分の創作で仕事を得たい
・店舗やECサイトの魅力をnoteで発信したい
・企業の広報担当としてnoteで対外的に発信したい

わたし自身、普通の会社員で、好きなことをnoteに綴りながら、いつか好きなことが仕事になったらいいなと思っていました。それが、さまざまな方法を模索しながらnoteでの発信を続けているうち、徐々に好きな分野での文章の仕事をいただけるようになってきたのです。

あなたは、noteでどのようなことを発信していきたいですか？　何かを「伝えたい」という気持ちを大切に、noteで発信を始めましょう。

2023年10月　ぷらいまり。

目次

Chapter

noteを読んでみよう

Chapter

テキストの記事を投稿しよう

Chapter

投稿をもっと楽しもう

Chapter

マガジンを作ろう

Chapter

noteをビジネスにつなげよう

Chapter

noteを販売しよう

Chapter

メンバーシップを運営しよう

Chapter

13 有料プランを活用しよう

Chapter

もっとnoteを使いこなそう

Chapter

1

noteの基本を理解しよう

文章や写真を発表するプラットフォームは多くありますが、noteにはどのような特徴があるのでしょうか？まず、noteというwebサイトについて紹介します。

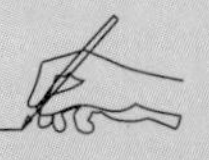

01-01 noteってどんなサービス？

これからnoteを始めたい方へ、まずはnoteがどのようなサービスなのか特徴を紹介します。

noteとは？

noteはクリエイターが文章による記事や画像、音声、動画などのコンテンツを自由に投稿できるメディアプラットフォームです。

「創作を楽しみ続ける　ずっと発表し続ける」ことを大切にしており、PV数やフォロワーを多く集めることよりも、楽しんで創作を続けることを重視しています。

note

noteの特徴は？

noteの大きな特徴は、誰でもかんたんにオリジナルコンテンツを公開・販売できることです。また、ほかのブログやSNSと比べたときに、次の特徴があります。

掲載できるメディアが幅広い

文字を主体にした記事のほか、写真やイラストなどの画像、音声、映像など、さまざまな形式のコンテンツを投稿することができます。

コンテンツを直接販売できる

最大の特徴は、クリエイターが自身のコンテンツを直接販売することができることです。これにより、クリエイターは自身の才能やスキルを生かして、収益を得ることができます。

広告がない

無料会員・有料会員にかかわらず、一切広告が表示されません。クリエイターのコンテンツ販売の手数料や有料プランの利用料をもとに、noteが運営されているからです。

ランキングがない

ブログサイトによくあるランキングもないので、ほかのクリエイターと比較することなく、楽しく制作が続けられます。一方、読者からの「スキ」や、編集部での記事のオススメなど、よい記事を書いたときにはフィードバックが得られます。

シンプルなエディタ

エディタが直感的に操作できるようになっています。飾り文字やページの装飾を変えることなどは基本的にできません。
一方、そうした装飾がないため、すっきりと読みやすいデザインで記事を届けることができます。

基本的に無料で利用可能

有料プランもありますが、基本的な機能は無料で利用できます。無料の場合でも広告表示もないため、ストレスなく利用できます。

勢いのあるメディアプラットフォーム

noteは、2014年4月にサービスを開始して、2022年には会員数が500万人を超えました。また、法人アカウントも2022年2月に10,000件を突破。規模や業種業態を問わず、さまざまな法人で活用されています。

今もっとも勢いのあるメディアプラットフォームの1つといえます。

01-02 noteでどんなことができる?

noteではさまざまな情報を発信することができますが、具体的にはどのようなことができ、どのような人に向いているのでしょうか？

クリエイターがnoteを使ってできること

noteでは、具体的には次のようなことができます。

コンテンツの公開・販売

自身が作成したコンテンツ（記事、イラスト、音楽、写真、映像など）を公開・販売することができます。
コンテンツを無料で公開（→Chapter 4、5、6）し、共有することで多くの人に作品を知ってもらったり、自身や企業のブランディングに用いたりすることができます。また、有料記事や有料マガジン（→Chapter 8）として、コンテンツを直接販売し、収益を得ることも可能です。

フォロワーやクリエイター同志のコミュニケーション

クリエイター同士、またはクリエイターとフォロワー間でコミュニケーションを取ることができます。記事へのコメントやメンバーシップ（Chapter 9）を利用して、自身のファンや興味の近いクリエイターと密な交流を行うこともできます。

コンテンツを使ったサブスクの運営

記事やマガジンを単発で販売するだけでなく、サブスクのプラットフォームとして活用することもできます。定期購読マガジン（→08-06）やメンバーシップ（→Chapter 9）といった機能を使い、クリエイターとして継続的な収入を得ることができます。

夢をかなえることにも、ビジネスにもつながる

noteを活用すると、次のようなチャンスにつなげることができます。

個人でコンテンツを収益化できる

出版社やwebメディアを経由せずに、自身のコンテンツをそのまま販売することができます。創作で継続的な収入を得られる可能性があります。
2022年4月時点で、noteで収入を得ている人は10万人を突破し、年間売上TOP1,000クリエイターの平均は667万円と発表されています。

書籍化や連載のチャンスも広がる

自分の創作を書籍化や連載といった仕事につなげたい場合にも、noteは有効です。
noteではクリエイターが成功するためのさまざまな取り組みを行っており、大手メディアと提携したnote創作大賞や、独自のコンテストなどを定期的に開催しています。
2022年4月時点で、noteから書籍化につながった創作は、累計160冊を超えています。

法人のオウンドメディアとしての活用もできる

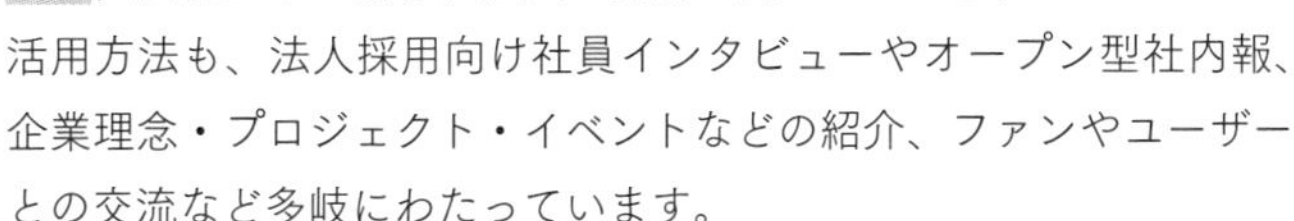

企業や自治体、団体のオウンドメディアとして活用することもできます。広告がない点も、法人の発信に向いています。
活用方法も、法人採用向け社員インタビューやオープン型社内報、企業理念・プロジェクト・イベントなどの紹介、ファンやユーザーとの交流など多岐にわたっています。

noteでの発信に向いているのはどんな人？

「創作」して「発信」したい人ならば、どのような方にも向いています。ここでは、使い方の例を挙げます。

①趣味として使いたい人

趣味として自身のコンテンツを発信したい人や、日記のように使いたい場合にも、もちろんnoteを活用できます。無料コンテンツとして公開し、クリエイターとの交流を楽しむのもよいでしょう。

②創作を仕事につなげたい人

小説やコラム、写真やイラスト、音楽など、現在は趣味として創作しているものを、仕事につなげたいと考えている場合にも活用できます。コンテストへの応募などでチャンスが広がります。

③クリエイターとしての活動をもっと広げたい人

ライターや漫画家、ジャーナリストや芸人などとして活動している人にとっても、仕事を広げるためにnoteを活用できます。
発信を通じてファンを増やしたり、ファンクラブのように活用したりすることも可能です。

④企業の活動を発信したい人

小売店や飲食店のような企業から、大企業、地方自治体や文化施設など、さまざまな団体で広報担当として情報発信をしたい場合、団体のオウンドメディアとしてnoteを活用することができます。

本書では、どのような理由でもnoteを始めたい人に役立つように使い方を説明していますが、特に、②～④の「ビジネスとしてnoteを活用していきたい人」に向けた説明を多く入れています。それでは、noteを始めましょう。

Chapter

2

noteを始めよう

これから、noteで発信を行っていくために、会員登録をしてマイページやプロフィールの登録を行います。無料で始められるので、まずはアカウントを作成してみましょう。

02-01 新規会員の登録を行おう

会員登録を行うことで、記事の投稿などの機能が使えるようになります。無料なので、まずは会員登録を行って、アカウントを作成しましょう。

メールアドレスで登録

1 「会員登録」をクリック

noteの公式ウェブサイト（https://note.com/）にアクセスし、トップページ右上にある「会員登録」をクリックします（❶）。

2 登録方法を選択

新規登録には、メールアドレスで登録する方法とSNSアカウントなど（Google、X（旧Twitter）、Apple ID）で登録する方法がありますが、今回は「メールアドレス」で登録する方法を紹介します。「メールで登録」をクリックします（❷）。

3 情報を入力

メールアドレス、希望するパスワード、noteで表示される名前（クリエイター名。あとから自由に変更可能）を入力します（❸）。「私はロボットではありません」が表示された場合、チェックを付け（❹）、「同意して登録する」をクリックします（❺）。

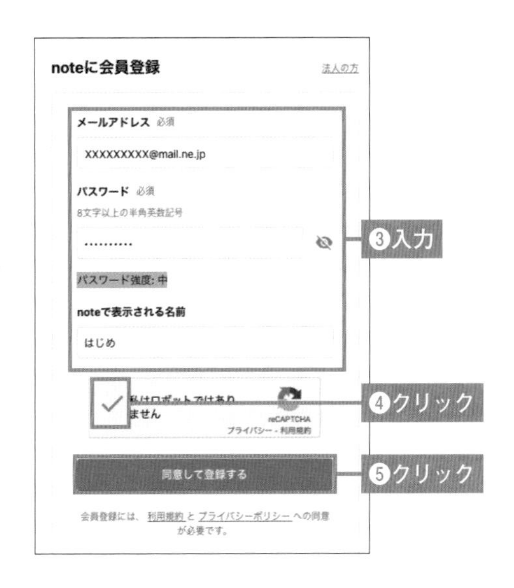

4 note IDを設定

「あなたのURLを設定しましょう！」という画面が表示されます。「https://note.com/」のあとに、自動生成された文字列（note ID）が表示されているものを任意の文字列に変更し（❻）、「次へ」をクリックします（❼）。

あなたのURLを設定しましょう！
https://note.com/ primary_note
いつでも変更できます。
❻任意の文字列を変更
次へ
❼クリック

なお、ここで入力したIDがマイページのURLになります。いつでも変更が可能ですが、変更を行うと、作成した記事のURLがすべて変更になってしまうため、すぐに記事を作成する予定の方は注意してIDを設定しましょう。

5 ジャンルやクリエイターを選択（スキップ可）

気になるジャンルを選ぶと（❽）、続いて、オススメのクリエイターやマガジンが紹介されるので、気になるクリエイターを選択してフォローしましょう。なお、スキップしてあとからフォローすることも可能です。

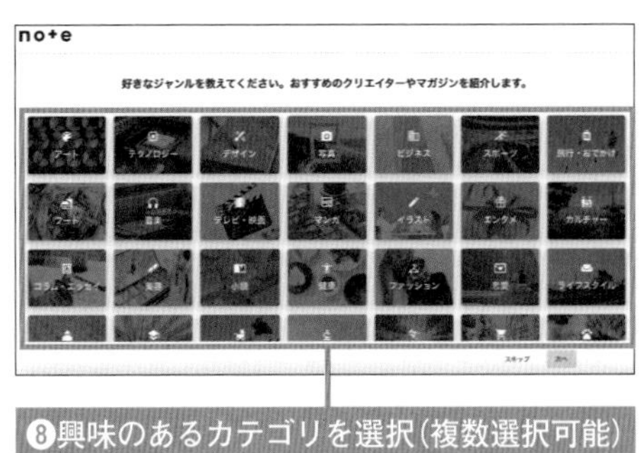

6 確認メールのリンクをクリック

登録したメールアドレスに届く「認証メール」内のリンクをクリックすると（⑨）、登録は完了です。

本登録を完了すると、マイページが作成され、記事を投稿できるようになります。

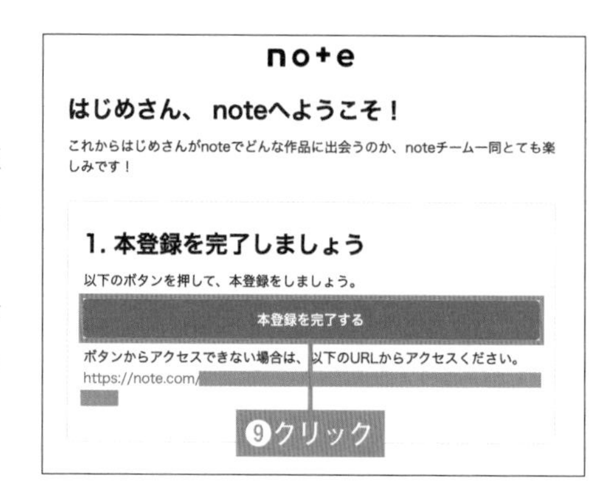

メールアドレス以外で登録

1 メール以外をクリック

P.20の手順**2**にて、メール以外をクリックします。

Googleアカウントは手順**2**へ、

X（旧Twitter）のアカウントは手順**3**へ、

Apple IDは手順**4**へ、

企業アカウントを作成する場合は、手順**5**へ、

それぞれ進んでください。

2 Googleアカウントで登録

手順**1**にて「Google」をクリックすると、「Googleを連携してください」というポップアップが表示されます。「同意して連携」をクリックし、連携させたいGoogleアカウントをクリックします。

3 X（旧 Twitter）の アカウントで登録

手順1にて、「X」（旧Twitter）をクリックすると、「X（Twitter）を連携してください」というポップアップが表示されます。「同意して連携」をクリックし、Xのアカウントとパスワードを入力します。

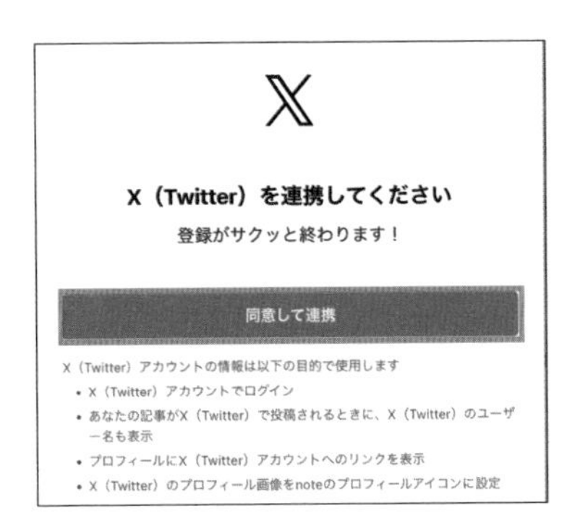

4 Apple ID で登録

手順1にて、「Apple」をクリックすると、「Appleを連携してください」というポップアップが表示されます。「同意して連携」をクリックし、Apple IDとパスワードを入力します。

5 法人として会員登録

手順1にて、「法人の方」をクリックすると「法人として会員登録」の画面が表示されます。

メールアドレス、noteで使用したいパスワード、noteで表示される名前、note ID（URLに使用する文字列）を入力後、「私はロボットではありません」にチェックを入れ、「同意して登録する」をクリックします。

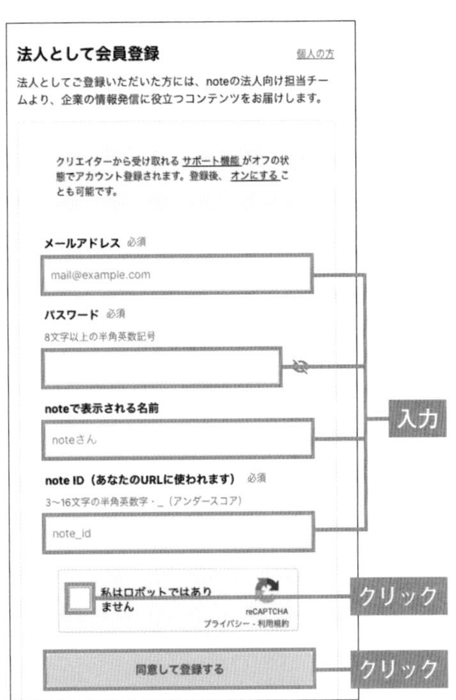

02-02 ログインとログアウトを行おう

note ではブラウザを閉じてもログイン状態が保持されます。共有のデバイスや公共の場で note を利用した場合、ログイン・ログアウトを行いましょう。

note にログインする

1 「ログイン」をクリック

noteのトップページや記事中の右上にある「ログイン」をクリックします（❶）。

2 ログイン方法を選択

メールアドレスで登録した場合、メールアドレス（もしくは「note ID」）と登録したパスワードを入力し（❷）、「ログイン」をクリックします（❸）。

SNSなどのアカウントで登録した場合は、該当するアカウントを選択し、アカウント情報の共有を許可してログインします。

noteからログアウトする

1 メニューを開く

ログイン状態で、画面右上にある自分のアイコンをクリックして(❶)、メニューを開きます。

2 「ログアウト」をクリック

表示されたメニューの中にある「ログアウト」をクリックすると(❷)、ログアウトできます。

ワンポイント

ログインしなくてもできること／ログインが必要なこと

ログインしなくても一部の機能が利用できますが、ログインすることで多くの機能が利用可能になります。

ログインしなくてもできること
無料記事の閲覧
ユーザーのプロフィールの閲覧
気に入った記事に「スキ」を送ること
気に入った記事をSNSでシェアすること
ログインしないとできないこと
記事の投稿
記事に「コメント」を書き込むこと
気になるユーザーやクリエイターをフォローすること
有料記事やマガジンの購読（※販売元のクリエイターが許可している場合は、会員登録をせずにテキスト記事と画像記事の購入をすることも可能）

02-03 プロフィールを設定しよう

自分のクリエイターページには、投稿した記事と併せて、設定したプロフィール画像や自己紹介文などのプロフィールが表示されます。あなたの個性や興味を伝える手段なのでぜひ設定しましょう。

プロフィールの設定画面を開く

1 クリエイターページを表示

ログイン状態で、画面右上にある自分のアイコンをクリックして(❶)、メニューを開き、自分のクリエイター名と「自分のクリエイターページを表示」と書かれている部分をクリックします(❷)。

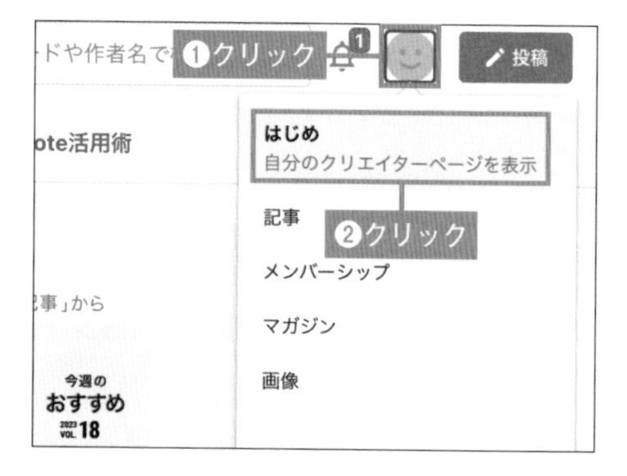

2 クリエイターページを確認

アドレスバーの「https://note.com/」のあとに最初に設定したnote IDが設定されたページが表示されます(❸)。

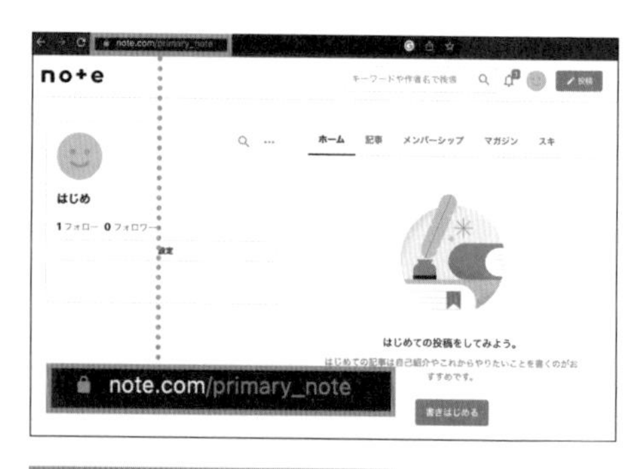

❸クリエイターページのトップ画面が表示された

3 「設定」をクリック

クリエイター名の下にある「設定」をクリックすると（❹）、プロフィールの設定画面が開きます。

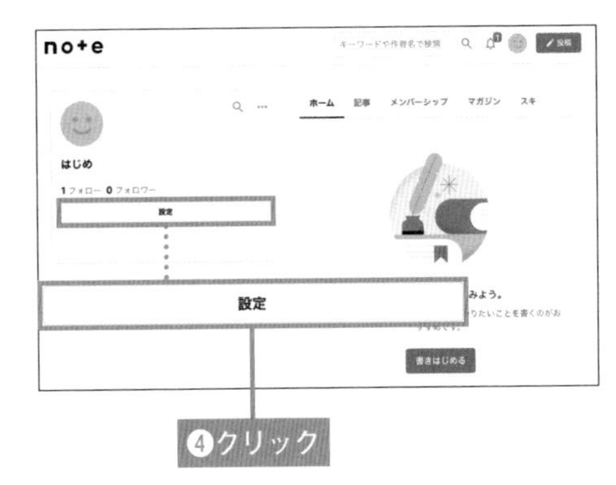

自己紹介を作成する

1 自己紹介を入力

プロフィールの設定画面で、クリエイター名の下にある「あなたの自己紹介を書きましょう」とコメントのあるテキストボックスをクリックし、140文字以内で自己紹介を入力します（❶）。入力後、「保存」をクリックします（❷）。

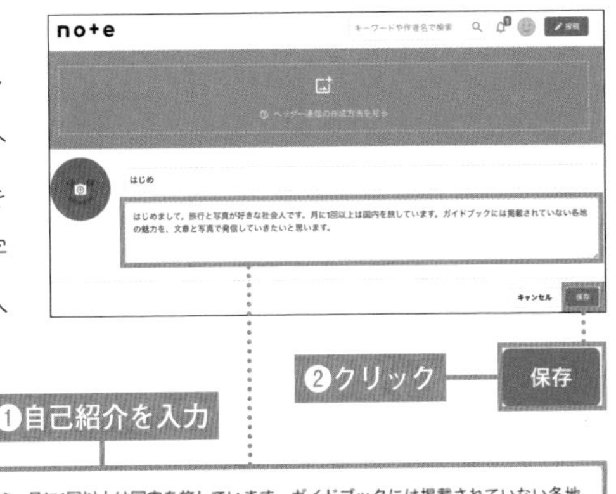

2 自己紹介の表示

クリエイターページのトップ画面において、クリエイター名の下に、入力したプロフィールが表示されます（❸）。

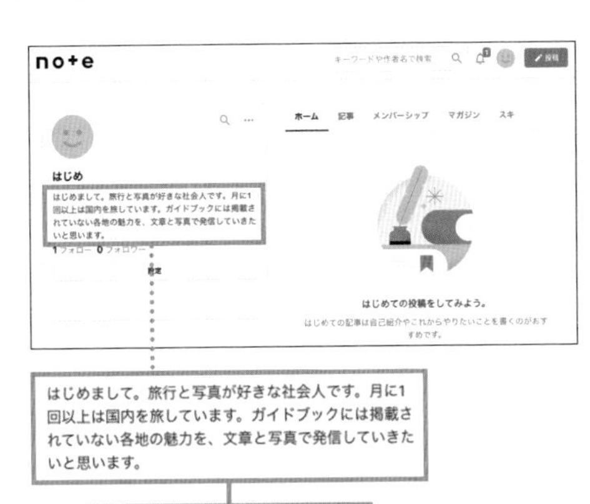

02-04

プロフィールアイコンを登録しよう

投稿やコメントに表示されるプロフィールアイコンを設定することができます。事前に用意されたアイコンを選ぶこともできますが、ぜひオリジナルのアイコンを設定してみましょう。

プロフィールアイコンを登録する

1 顔のアイコンをクリック

P.26の手順1～3の方法で、プロフィールの設定画面を開き、クリエイター名の左側にある顔のアイコンをクリックします(❶)。

2 プロフィールアイコンの選択

オリジナルのアイコンを用意しなくても、設定可能なアイコンが用意されています。使用したいアイコンをクリックして選択し(❷)、「設定」をクリックすると(❸)、設定が完了します。

オリジナルの画像を使用したい場合は、手順3へ進みます。

3 オリジナルアイコンのアップロード

オリジナルの画像をプロフィールに設定したい場合は、カメラのアイコンをクリックします（❹）。自身のPCから画像を選択する画面になるので、アイコンに使用したい画像を選択します。

4 画像を調整

画像を調整する画面が表示されるので、画像の下にあるスライダを左右にドラッグして（❺）、任意のサイズに画像を拡大・縮小します。また、マウスを画像上に移動して、表示される十字アイコンをドラッグし（❻）、画像の切り取る箇所を変更します。画像の調整が確定したら、「設定」をクリックします（❼）。

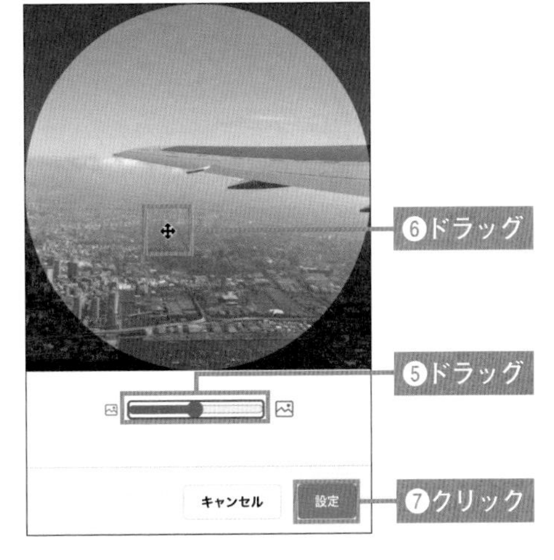

5 プロフィールアイコンを設定

「プロフィール画像を設定」画面に戻るので、画像設定の上の少し大きな円の部分が設定した画像になっていることを確認し（❽）、右下の「設定」をクリックして（❾）、設定を完了します。プロフィール設定画面の「保存」をクリックするとクリエイターページに反映されます。

02-05 noteとSNSを連携させよう

クリエイターページのプロフィール欄で、最大6つのSNSを連携させることができます。連携を行うことで、noteの読者にSNSでの活動を知らせたり、noteをSNSにシェアしたりすることができます。

連携できるSNS

現在、X(旧Twitter)、Facebook、Instagram、YouTube、LINE、TikTokを連携することが可能です。連携を行うと、自分のクリエイターページのプロフィール欄に、連携を行ったSNSのアイコンが表示されます。表示されるアイコンは各SNSの自身のページにリンクしています。

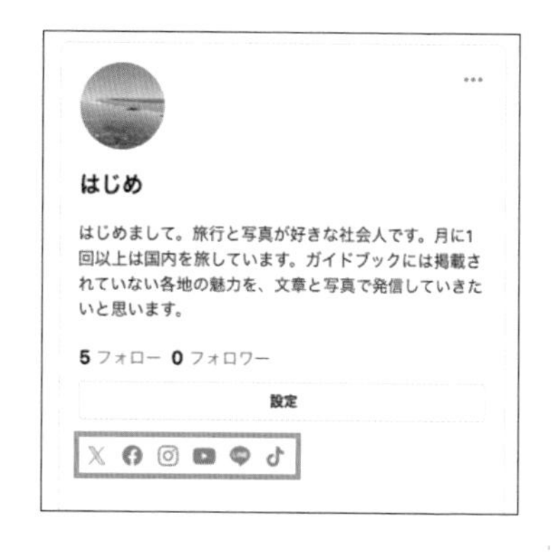

SNSを連携させる

1 プロフィールの設定画面を開く

P.26の手順1～3の方法で、プロフィールの設定画面を開きます(❶)。
Facebook、Instagram、YouTube、LINE、TikTokを連携させる場合、手順2へ、
X(旧Twitter)を連携させる場合、手順3へ、それぞれ進みます。

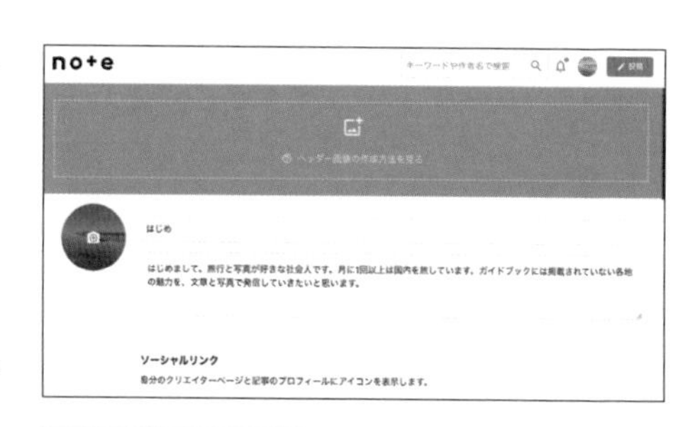

❶設定画面を開く

2 SNSのリンクを入力

「ソーシャルリンク」のFacebook、Instagram、YouTube、LINE、TikTokのうち、連携させたいSNSの自分のページのリンクを入力し（❷）、右下の「保存」をクリックします（❸）。

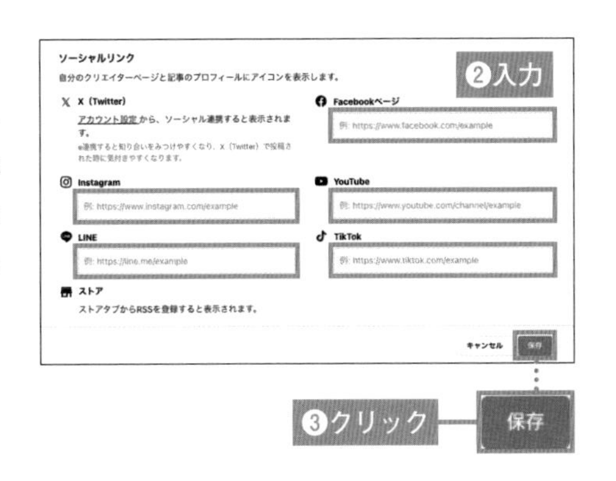

3 「アカウント設定」をクリック

X（旧Twitter）を連携させる場合、「ソーシャルリンク」のXの欄にある「アカウント設定」をクリックし（❹）、アカウントの画面に移動します。

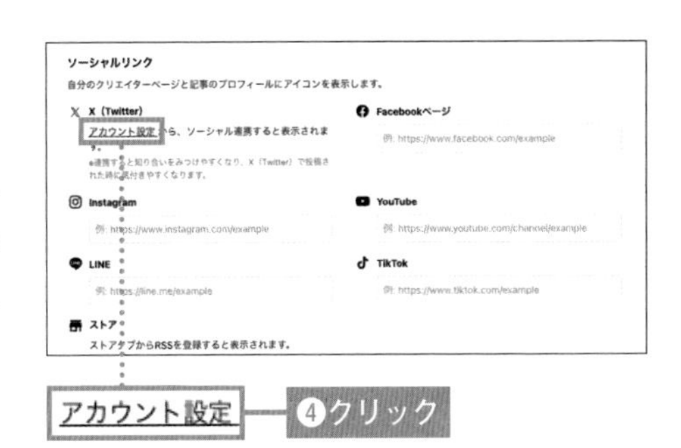

4 X（Twitter）の連携をONにする

アカウントの画面「ソーシャル連携」にあるX（Twitter）のトグルスイッチをクリックして（❺）、オフからオンにします。

「Twitterと連携して友だちとつながろう！」というポップアップの内容を確認し、「同意して連携」をクリックし、自分のX（旧Twitter）にログインすると連携されます。

02-06 ヘッダー画像を登録しよう

自分のクリエイターページの上部や、クリエイターページが SNS にシェアされたときに表示される画像を登録することができます。印象的な写真やイラストを設定しましょう。

ヘッダー画像を登録する

ヘッダー画像は、クリエイターページの上部に大きく配置される画像です。

1 グレーの帯をクリック

P.26の手順1～3の方法で、プロフィールの設定画面を開き、ページ上部にあるグレーの帯の部分をクリックします（①）。

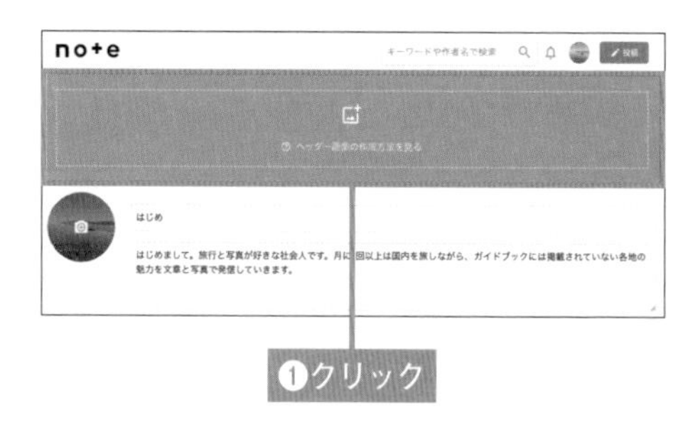

2 「画像をアップロード」をクリック

メニューが表示されるので、「画像をアップロード」をクリックします（②）。

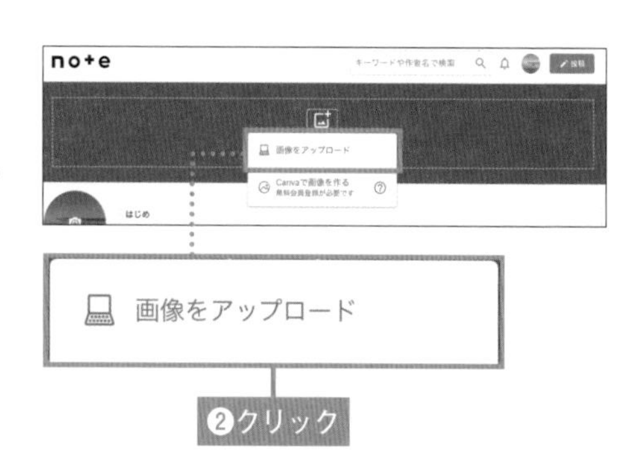

3 画像をアップロード

画像を選択する画面が表示されるので、ヘッダー用の画像を選択して(❸)、「開く」をクリックします(❹)。

4 画像を調整

画像の下にあるスライダで任意のサイズに画像を拡大・縮小できます(❺)。また、マウスを画像上に移動し、表示される十字アイコンをドラッグして(❻)、画像の切り取る箇所を選択します。加工が完了したら「保存」をクリックします(❼)。

クリエイターページには、太い白枠内の画像が表示され、SNSのシェア時にはこの画面で表示される画像の全体が表示されます(OGP画像)。

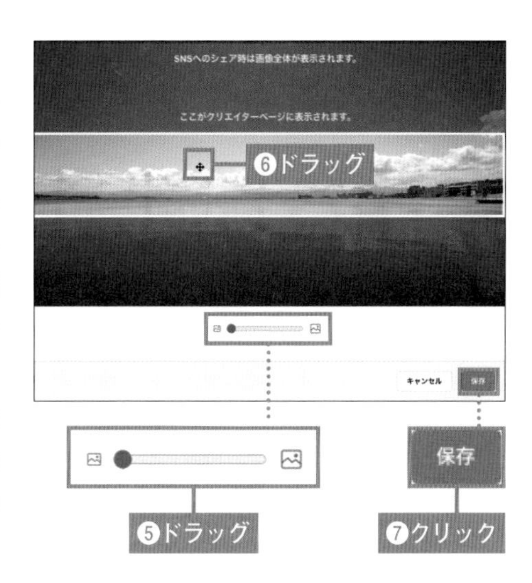

5 ヘッダー画像の設定

プロフィールの設定画面に戻るので、ページ上部のヘッダー部分の画像が画像になっていることを確認します(❽)。右下の「保存」をクリックすると(❾)、設定が完了します。

Column

画像の推奨サイズについて

noteでプロフィールアイコンやヘッダー画像にオリジナルの画像を登録する場合、基本的には、どのようなサイズの画像を用いても、指定の比率にトリミングすることが可能です。ただし、画像にこだわりのある方や、表示に合わせた画像やイラストを作成される方は、次の推奨サイズや比率を参考に画像を用意しましょう。

■「プロフィールアイコン」の推奨サイズ

プロフィールアイコン用の画像サイズについては、note公式での推奨サイズはありません。ただし、アイコンは正円なので、あらかじめ正方形の画像を用意しておくとスムーズです。

画像の拡大はできますが、画像の短辺を画像の直径以下に設定することはできないので、必要に応じて事前に調整しましょう。

比率 1:1

キャンセル　保存

■「ヘッダー画像」の推奨サイズ

ヘッダー画像については、noteが公式に推奨するサイズは次のようになっています。

こちらも、画像を設定範囲の長辺よりも小さく縮小して配置することはできません。また、ヘッダー画像では、OGP画像の中央部分だけが表示されるので、もっとも見せたい部分をその範囲に収まるように事前に調整しておくことをオススメします。

種類	サイズ
基本	1280×670px（中央部分216pxがヘッダー部分に表示される）
推奨 （綺麗に表示する場合）	1920×1006 px（中央部分324pxがヘッダー部分に表示される）

Chapter

3

noteを読んでみよう

noteで発信をしていく前に、まずはほかのクリエイターが書いたnoteを読んでみましょう。noteでは、エッセイや小説のような文章から、写真、イラスト、音声など、さまざまな形で発信がなされています。自分がどんなnoteを発信していきたいのか、イメージを固めるのと同時に、人気のnoteを読んで「読みたくなるnote」のコツをつかみましょう。

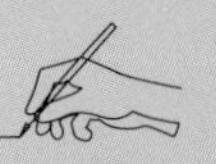

03-01 ほかのクリエイターの記事を読もう

note ではサムネイルやタイトルをクリックすると、かんたんにその記事にアクセスできます。フォローしている人の記事やオススメの記事が、ホーム画面に表示されるので、興味のある記事とも出会いやすいでしょう。

ホーム画面から記事を開いて読む

1 サムネイルやタイトルをクリック

サムネイルやタイトル部分にカーソルを合わせると、サムネイル部分の色が薄くなるので、そのままクリックします(❶)。

❶クリック

2 記事の表示

記事が表示されます(❷)。スクロールして読みましょう。

❷記事が表示された

ホーム画面から読むことができる記事は？

noteのホーム画面にはあなた用にカスタマイズされた記事が表示されます。

図の位置	記事	内容
1	フォロー中	あなたがフォローしているクリエイターが投稿した記事が新着順に表示されます。
2	テーマ別のオススメ記事	閲覧履歴や「スキ」の履歴にもとづいて、特定のテーマに関連する記事がまとめて表示され、話題のイベントや問題に関する記事を見つけることができます。 個別のテーマのほか、「今日のあなたに」や「今週のおすすめ」、「みんなのオススメ記事」といった話題の記事をチェックすることもできます。
3	ジャンル別	さまざまなジャンルの記事がカテゴリ別にまとめられています。たとえば、「テクノロジー」、「カルチャー」、「社会」、「くらし」などのカテゴリがあります。興味のあるジャンルをクリックすると、そのジャンルの人気記事や新着記事が表示されます。

ワンポイント

フォローしたクリエイターの記事だけを読みたいとき

こうしたキュレーションが不要な場合、左上のメニューから「フォロー中」を選ぶと、フォローしているクリエイターの新着記事だけが表示されるようになります。

03-02 記事に「スキ」を付けよう

「スキ」とは、SNSにおける「いいね」に相当するものです。読んだ記事や作品を評価し、作者に感謝の意を示すために使用されます。また、「スキ」をクリックすることで、オススメ記事で類似のテーマやカテゴリの記事が表示されやすくなります。

記事に「スキ」を付ける

1 「スキ」をクリック

「スキ」は記事のタイトル下の左側と記事の最後の左側に、それぞれ表示されているハートのアイコンが描かれたものです。こちらをクリックします(❶)。アイコンの右側には、これまでに押された「スキ」の数が表示されています。

2 「スキ」の送付

クリックすると、ハートマークがピンク色になり、右側の数字が増えます(❷)。スキを付けると、作者に通知が届き、あなたがその記事や作品を気に入ったことを伝えることができます。

付けた「スキ」を取り消す

1 「スキ」をクリック

一度「スキ」を付けてピンク色になっている「スキ」をクリックします(❶)。

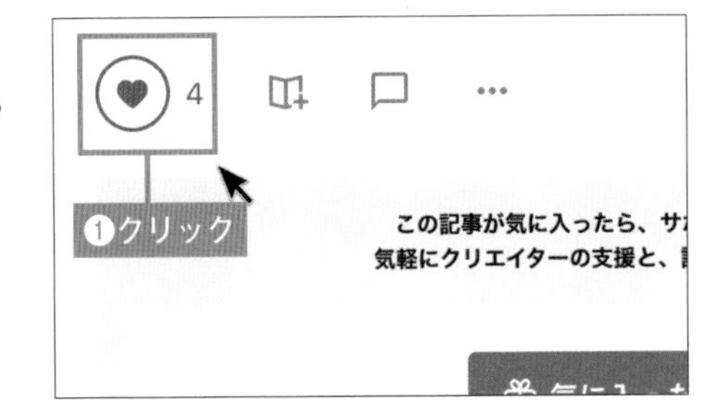

2 「スキ」の取り消し

ハートマークが白抜きに戻ります(❷)。また、右側に表示された数字が減ります。この場合、作者に通知は届きません。

ワンポイント

記事に「スキ」を付けたユーザーを確認する

自分の書いた記事でも、ほかのクリエイターが書いた記事でも、その記事に「スキ」を付けたユーザーの一覧を確認することができます。

「スキ」の右側の数字をクリックすると(❶)、スキを付けたユーザーの一覧が表示されます(❷)。

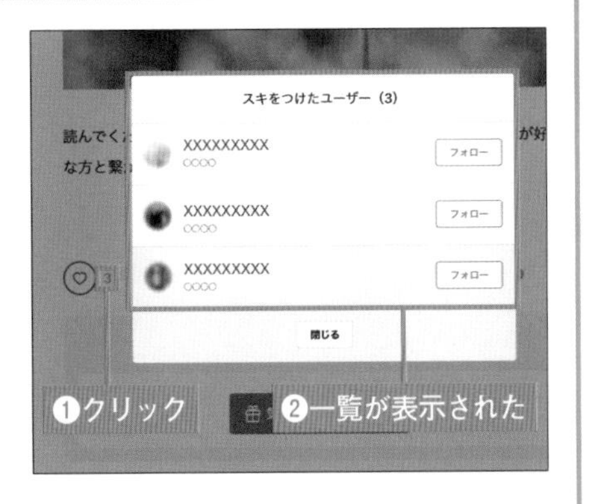

「スキ」をたどることで、記事の中で取り上げられている話題に興味を持っているクリエイターや、近いカテゴリで創作しているクリエイターが見つかるかもしれません。

03-03 SNSで記事をシェアしよう

noteの記事からかんたんにシェアできるSNSは、X（旧Twitter）、Facebook、LINEの3つです。記事をシェアすることで、より多くの人に記事を届けることができます。気に入った記事があれば積極的にシェアしてみましょう。

Xでシェアする

1 シェアボタンをクリック

シェアボタンは記事のタイトル下の右側と、記事の最後の右側にあり、各SNSのアイコンが並んで表示されています。

Xのシェアボタンをクリックします（❶）。

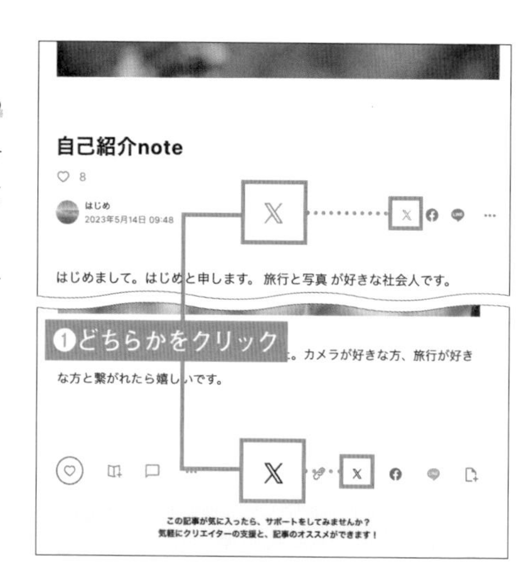

2 「ポストする」をクリック

X（旧Twitter）の投稿画面が開き、自分のコメントや感想を任意で追加することができます（❷）。

「ポストする」をクリックする（❸）と、記事がシェアされます。

記事を Facebook でシェアする

1 シェアボタンをクリック

記事のタイトル下の右側ないし、記事の最後の右側にあるFacebookのシェアボタンのいずれかをクリックします(❶)。

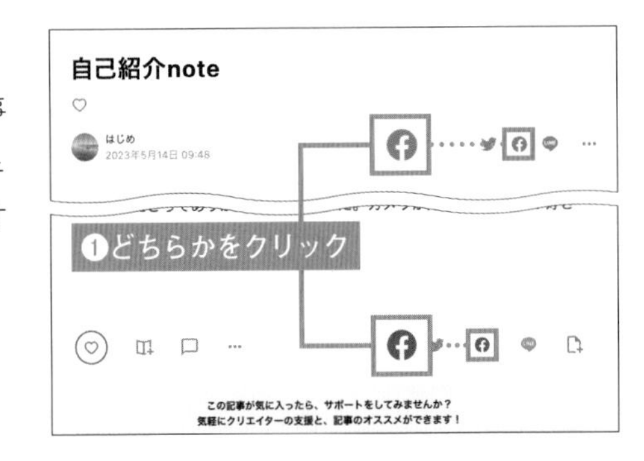

2 「Facebook に投稿」をクリック

Facebookのシェア画面が開き、自分のコメントや感想を任意で追加することができます(❷)。
自分のタイムライン、友達のタイムライン、グループ、イベントなど、シェアしたい場所を選択し(❸)、「Facebookに投稿」をクリックする(❹)と、記事がシェアされます。

ワンポイント

LINE でシェアする

LINEの場合も、同様にシェアボタン(「LINE」と書かれたボタン)からシェアできます。

初回は、「QRコードログイン」などでnoteとラインのアカウントを連携させてください。任意でコメントを追加したあと(❶)、「トーク」もしくは「keep」を選択する(❷)ことでシェアできます。

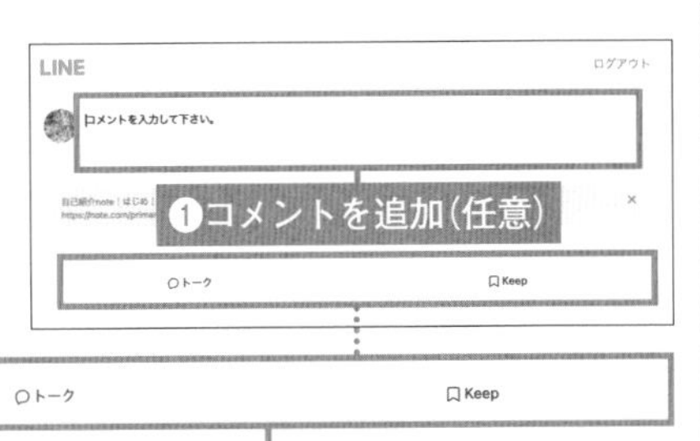

03-04 記事にコメントを投稿しよう

記事にコメントを投稿することができます。コメントによって、ほかのクリエイターとのコミュニケーションを図ることができ、同じ分野や興味を持つクリエイターとつながることができます。

コメントを投稿する

1 コメント欄へ移動

記事の下部にあるコメント欄までスクロールすると(❶)、既存のコメントを確認できます。

なお、コメントが1件も投稿されていない場合、自分のアイコンの横に「スキで伝わらない気持ちはコメントで」などと書かれたコメント欄が表示されます。

2 コメントの書き込み

コメント欄に自分の意見や感想、質問などを入力します(❷)。コメントはわかりやすく丁寧な言葉で書きましょう。コメント欄右側に表示された絵文字をクリックすると、該当する絵文字を挿入することもできます。

入力後、「送信」をクリックします(❸)。

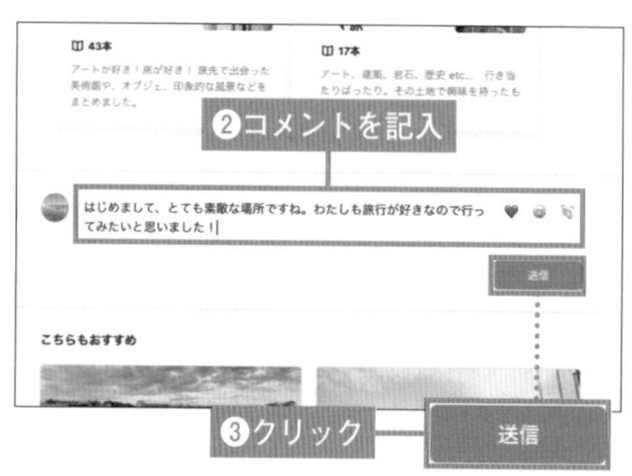

3 チェックボックスにチェック

「コメントをするまえに…」というポップアップが表示された場合、チェックボックスにチェックを入れ(❹)、「送信」をクリックします(❺)。

4 コメントの表示

投稿したコメントが記事の下部に表示されます(❻)。

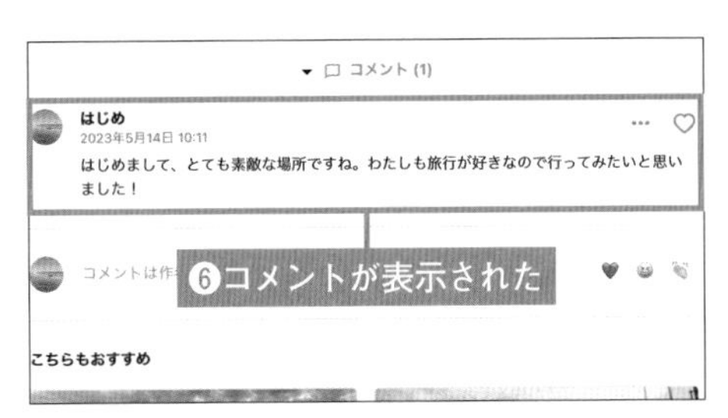

ワンポイント

コメントの通知について

記事にコメントが投稿されると、そのことを知らせるnote内の通知(a)とメール通知(b)が届きます。メール通知の対象となるのは下表の2つの場合です。noteでは、コメントを誰宛に送るのかを指定する機能がないため、2つ目のように自分に対する返信以外のコメントが投稿された場合にも通知が届きます。初期設定では、通知を受け取る設定になっていますが、アカウント設定で変更できます。

コメントの通知が届くタイミング
自分の記事にほかのクリエイターがコメントした場合
自分がコメントを付けたほかのクリエイターの記事に、コメントが投稿された場合

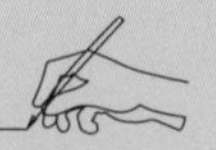

03-05 投稿したコメントを編集・削除しよう

note のコメントは、自分の記事に投稿した場合にも、ほかのクリエイターの記事に投稿した場合にも編集や削除が可能です。

投稿したコメントを修正する

自身で投稿したコメントは修正することが可能です。

1 「編集」をクリック

投稿したコメントの右側にある「…」をクリックし(❶)、「編集」をクリックします(❷)。

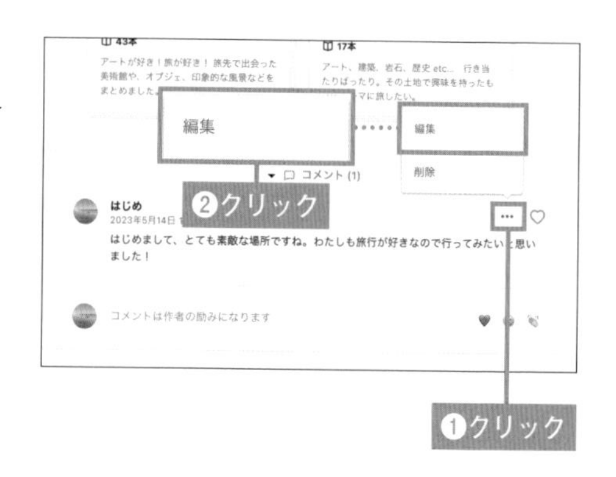

2 コメントの修正

コメントを編集します(❸)。修正が完了したら、「保存」をクリックします(❹)。

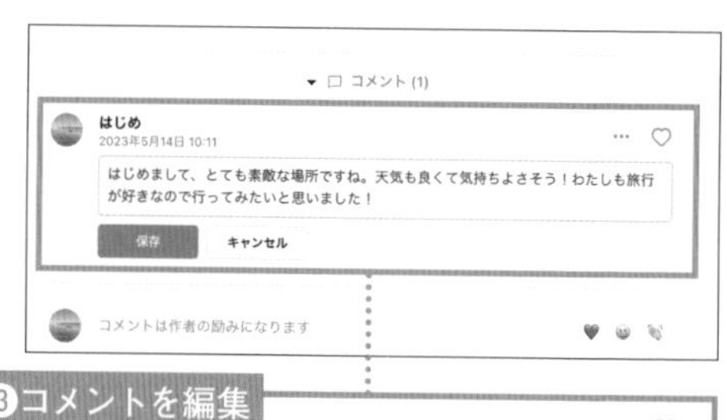

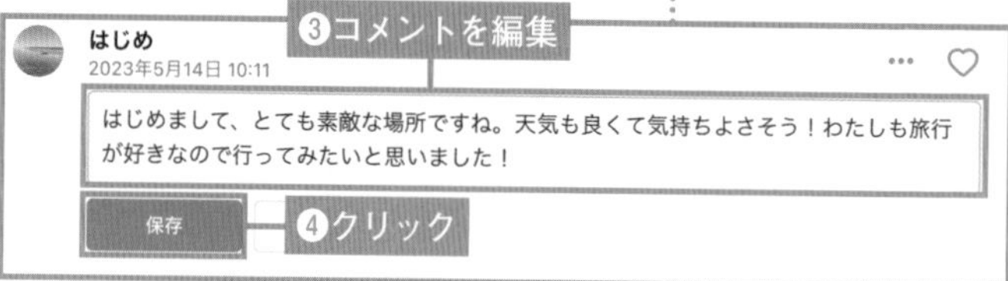

3 編集後のコメントの表示

コメント欄の記述が修正されていることを確認します(❺)。

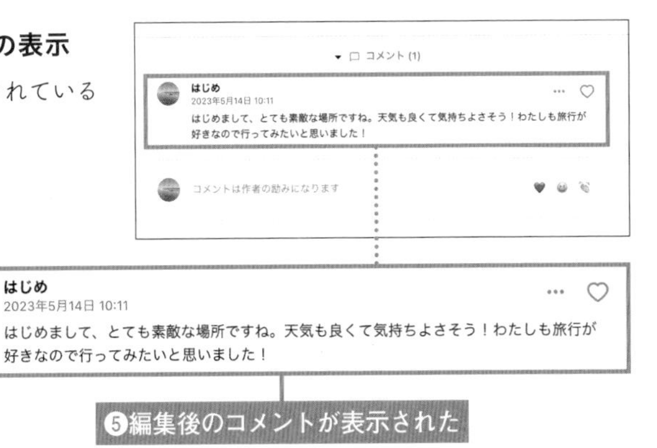

投稿したコメントを削除する

1 「削除」をクリック

投稿したコメントの右側にある「…」をクリックし(❶)、「削除」をクリックします(❷)。

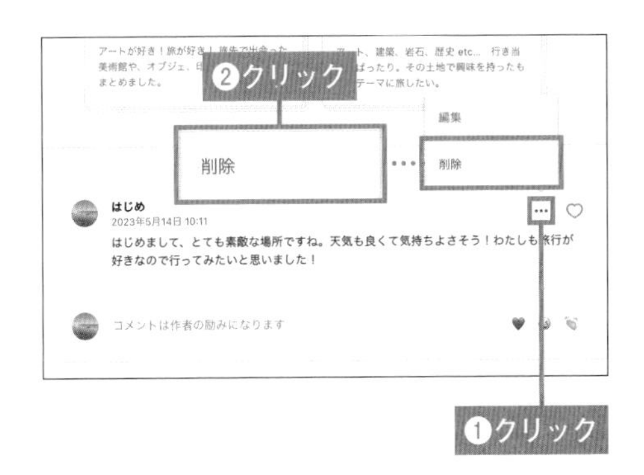

2 「削除する」をクリック

ポップアップが表示されるので、「削除する」をクリックします(❸)。投稿したコメントが削除されます。

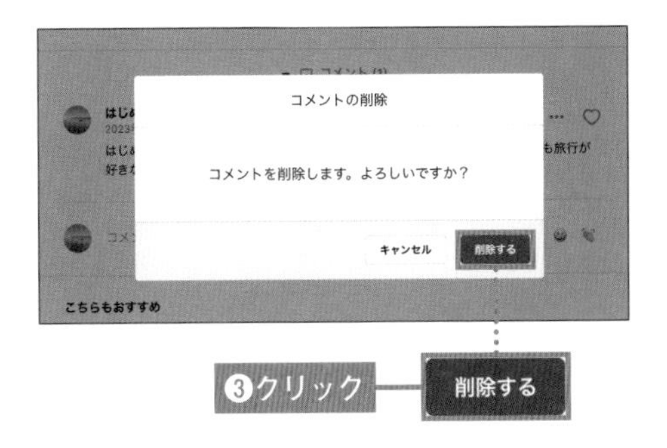

03-06 クリエイターをフォローしよう

noteでは、気に入ったクリエイターをフォローすることができます。フォローすると、そのクリエイターの新着記事がタイムラインに表示されるようになり、興味のあるトピックの情報を収集することができます。

クリエイターをフォローする

クリエイターをフォローする方法は複数ありますが、代表的な方法を紹介します。

1 クリエイターのプロフィールページを開く

タイムラインや検索結果から、フォローしたいクリエイターのアイコンをクリックして(❶)、プロフィールページにアクセスします。

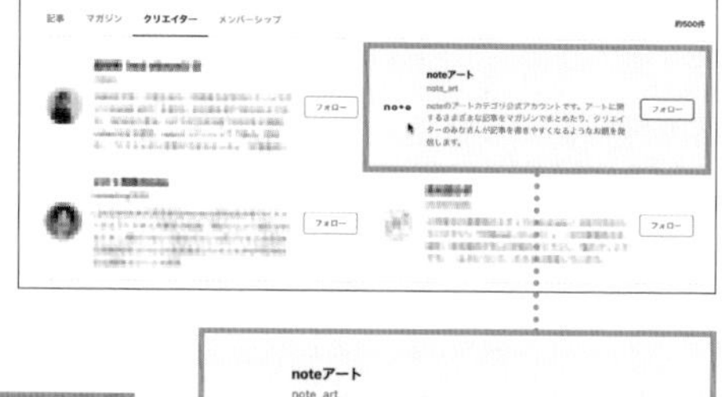

2 「フォロー」をクリック

プロフィール画像の下にある「フォロー」をクリックします(❷)。

これでフォローが完了します。

ワンポイント

記事からフォローする

読んだ記事から直接クリエイターをフォローすることもできます。

記事のタイトルの下、もしくは、記事の末尾にあるクリエイター名の右側に表示される「フォロー」をクリックします。

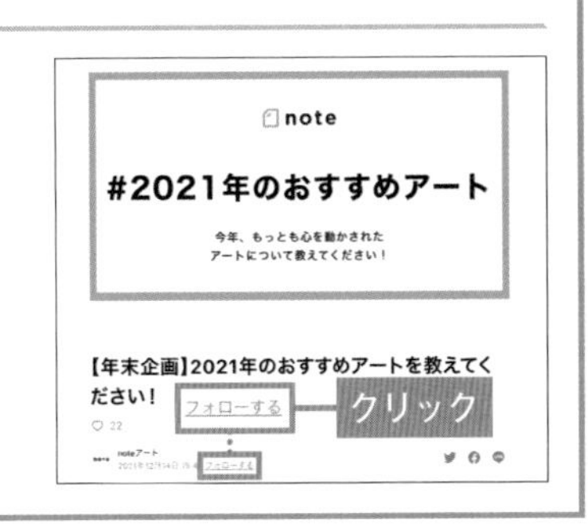

フォローの確認方法

フォローしている人・フォローされている人の一覧と人数を確認することができます。自分のフォロー・フォロワーだけでなく、ほかのクリエイターでも同様に確認することが可能です。

1 プロフィールページにアクセス

P.26の手順**1**の方法で、クリエイターページを表示します。

自己紹介欄に「フォロー」および「フォロワー」の数が表示されます（❶）。

2 「フォロー」「フォロワー」をクリック

「フォロー」もしくは「フォロワー」の数字をクリックすると（❷）、フォローしているクリエイターの一覧や、自分をフォローしているクリエイターの一覧をそれぞれ確認できます（❸）。

クリエイターをブロックする

特定のクリエイターをブロックすることができます。ブロックをすると、対象となったクリエイターはあなたのアカウントに対して次の操作ができなくなります。

ブロックした相手があなたにできなくなること
フォローする
スキを付ける、コメントする
有料の記事やマガジン、定期購読マガジン※1の新規購入
メンバーシップへの新規の参加※2

※1 定期購読マガジンの運営者が購読中のユーザーをブロックした場合、強制的に購読停止となります。
※2 すでに加入済みのメンバーシップに影響はありません。

1 クリエイターページのメニューを開く

ブロックしたいクリエイターのプロフィールページにアクセスし、プロフィール画像の右側にある「…」をクリックします(❶)。

2 「ブロック」をクリック

表示されるメニューから「ブロックする」をクリックします(❷)。これでブロックできます。

ワンポイント

ブロックを解除する

誤ってブロックしてしまった場合、同様に「…」をクリックしたあと(❶)、「ブロック中」をクリックする(❷)と解除されます。

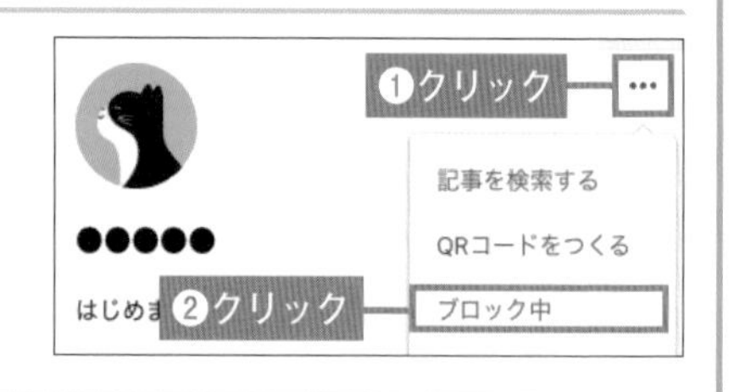

Column

話題になっているnoteをチェックする

noteで話題になっている記事を読むことで、現在のトレンドや、多くの人が関心を持っているトピックを把握できます。また、人気のある記事を読むことは、自分の記事の質を向上させることにもつながるでしょう。話題の記事は、次の方法で見つけることができます。

図の位置	記事の種類	内容
❶	今日の注目記事	noteのトップページから、「注目」をクリックすると、「今日の注目記事」が表示されます。1日あたりの記事投稿数が3万を超えるnoteから、特に面白いものをnote公式の運営チームが選出しており、1日に10記事ぐらいが選ばれています。
❷	投稿企画	noteのトップページから、「投稿企画」をクリックすると、「お題」や「コンテスト」の応募作品が表示されます。
❸	検索から人気記事	noteの検索機能を使って、キーワードを入力し、虫眼鏡のアイコンをクリックすると、関連する記事を検索できます。

「お題」ページや検索結果のページでは「人気」「急上昇」「新着」「定番」といった分類で記事が表示されます。

これらの表示基準に関しては公開されていませんが、「スキ」の多い記事、タイトルや写真で思わず読みたくなる記事を探してみると、読まれる記事を作成するコツが見つかるかもしれません。

03-07 クレジットカード情報を登録しよう

note は基本的に無料で利用できますが、有料の記事を購入する場合などの支払い時にクレジットカードの使用が可能です。カードの登録を行うと、購入手続き時には、登録済みのクレジットカードが自動的に選択され、支払いが行われます。

クレジットカード情報を登録する

1 「アカウント設定」をクリック

画面右上の自分のアイコンをクリックし(❶)、メニューから「アカウント設定」をクリックします(❷)。

2 「カード情報」をクリック

アカウント設定ページの左側のメニューから、「カード情報」をクリックします(❸)。

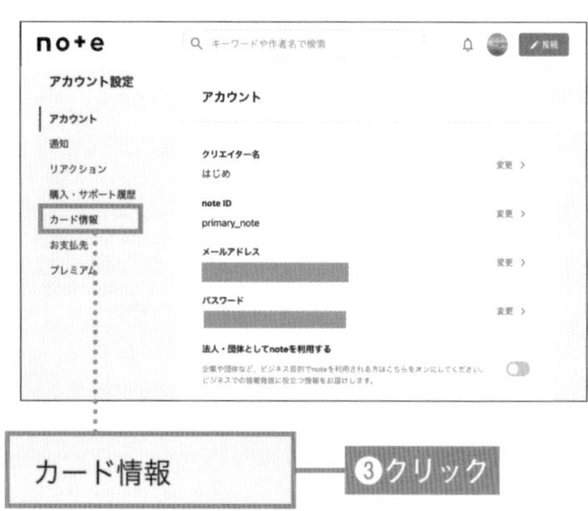

3 「クレジットカードを登録」をクリック

「カード情報」ページの下部の「クレジットカードを登録」をクリックします（❹）。

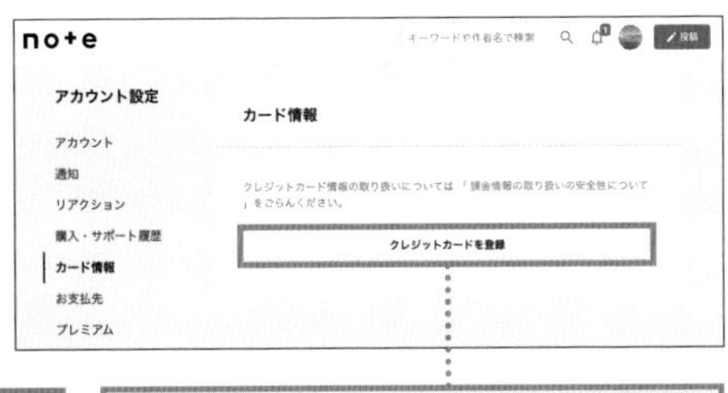

4 カード情報を入力

カード番号、カード名義、有効期限、セキュリティコードを入力します（❺）。すべて入力すると、「保存」が緑色になるのでクリックします（❻）。

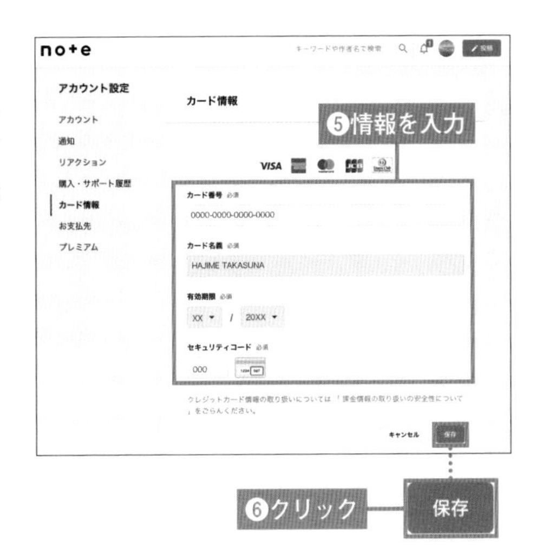

5 カード情報の登録完了

カード情報が登録されます（❼）。

03-08 有料記事を購入しよう

note の記事には、有料で販売されているものもあります。決済方法は、クレジットカードのほかに、キャリア決済、PayPay を選ぶことができます。

有料記事を購入する

1 「購入手続きへ」をクリック

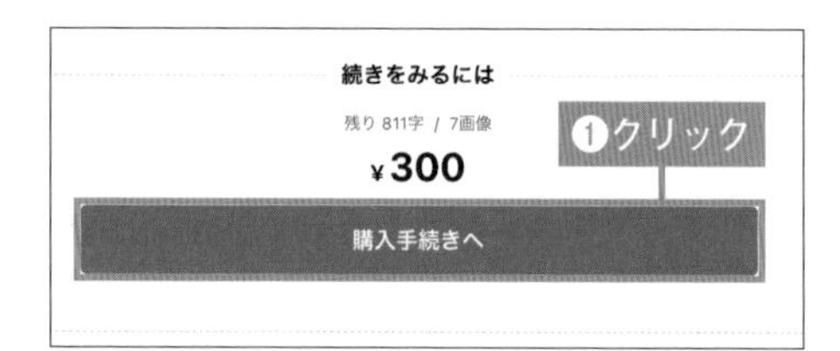

購入したい有料記事のページにアクセスします。試し読みエリアが設定されている場合、記事の途中までは無料で読むことが可能です。「この続きをみるには」というライン以下が有料部分になります。
購入するには、有料ライン下部の「記事を購入」欄の「購入手続きへ」をクリックします（❶）。試し読みが不要な場合は、記事のタイトル下部にある「¥500」のような価格のボタンをクリックして購入手続きに進むことも可能です。

2 「お支払い方法を選択」をクリック

「購入の確認」画面が表示されるので、下部の「お支払い方法を選択」をクリックします（❷）。
なお、P.50の方法でクレジットカードを登録した場合、登録済みのクレジットカードが自動的に選択されるので手順4に進みます。

記事へ戻る　購入の確認
絵画から出てきたような…フンデルトヴァッサーの建築に会いに行く。　ー フンデルトヴァッサー・ハウ…
ぷらいまり。
記事　300円
合計　¥300
ポイント付与　60
お支払い　クレジットカード
❷クリック
お支払い方法を選択

3 決済方法を選択

クレジットカード、PayPay、キャリア決済から決済方法を選択し（❸）、右下の「変更する」をクリックします（❹）。P.50の方法でクレジットカード情報を登録しておらず、決済方法にクレジットカードを選択した場合、「カード情報入力画面へ」をクリックして、カード情報入力画面に進みます。

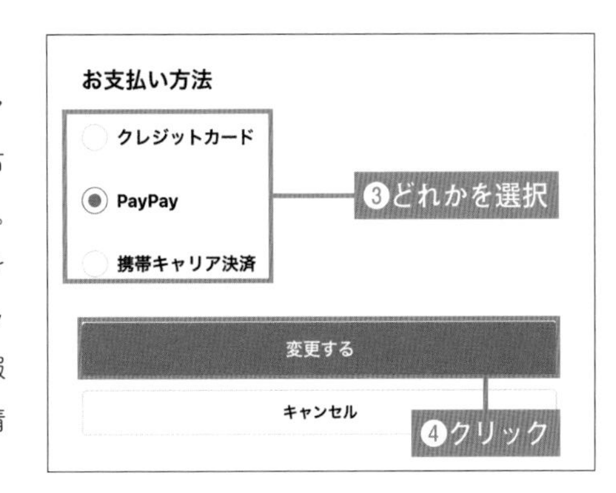

4 「購入する」をクリック

「購入の確認」画面が表示されるので、「購入」をクリックします（❺）。
なお、「クリエイターをサポート」にチェックを入れた場合、100円から100,000円までの金額を上乗せして支払うことができ、クリエイターの活動を金銭的に応援することができます。

5 購入完了

購入完了画面が表示され、メールアドレスに購入メールが配信されます。購入した記事は、note右上の自分のアイコンをクリックして表示されるメニューから、「購入した記事」をクリックすると、閲覧できます（❻）。

「サポート機能」や「オススメ」でクリエイターを応援しよう

noteの特徴的な機能としてサポート機能があります。これは、クリエイターに対して金銭的な支援を行うしくみです。また、お金を支払った記事に対してはオススメができ、オススメした記事は、自身のフォロワーのタイムラインにも表示されます。

無料記事にサポートする

1 「気に入ったらサポート」をクリック

サポートしたいクリエイターの記事にアクセスし、記事の最後にある「気に入ったらサポート」をクリックします（❶）。

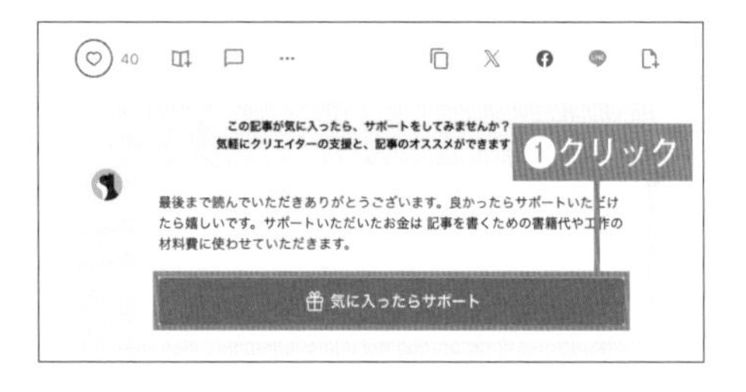

2 サポート金額を決定

サポート金額は100円、500円、1000円から選択できるほか、100,000円までの金額を任意で設定することもできます。

価格を選択し（❷）、任意で応援メッセージを入力したあと（❸）、「確認」をクリックします（❹）。

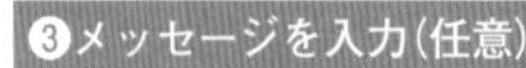

無料記事をオススメする

無料記事をオススメする場合、まずサポートを行う必要があります。

1 「オススメ」をクリック

前ページの方法でサポートを行うと、「サポート完了」のポップアップが表示されるので、「オススメする」をクリックします(❶)。

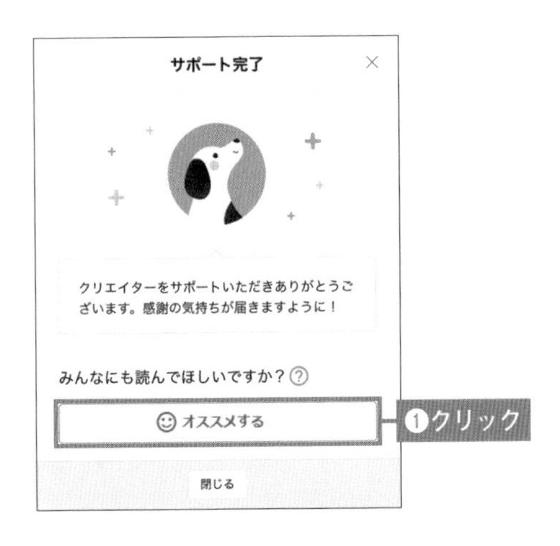

2 オススメした記事がタイムラインに表示

オススメした記事がフォロワーのタイムラインにも表示されるようになります(❷)

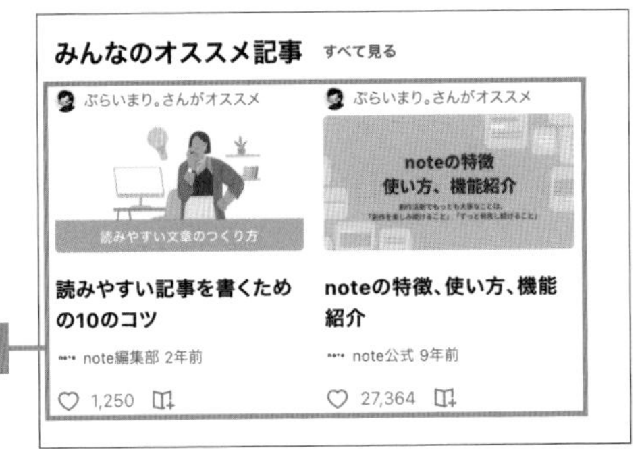

ワンポイント

有料記事をオススメする

「有料記事」「有料マガジン内の記事」「定期購読マガジン内の記事」など、お金を支払って購読した記事の場合、記事の下部に「オススメする」と表示されるので、こちらをクリックすることでオススメをすることができます。

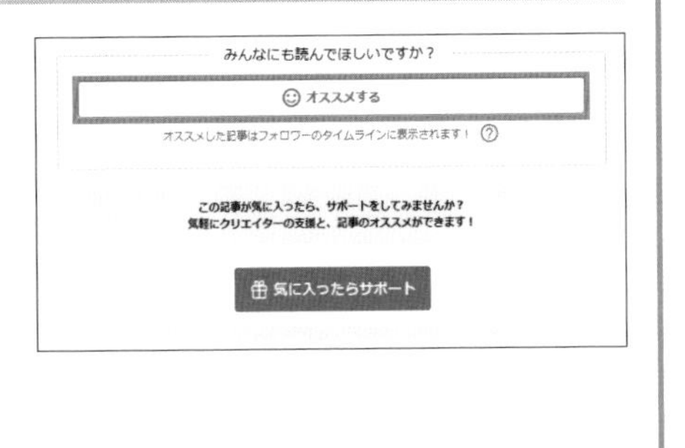

Column

記事を上手に検索する

ここでは、記事を検索するコツを紹介します。noteの検索はページ上部にある検索ボックスから行えます。

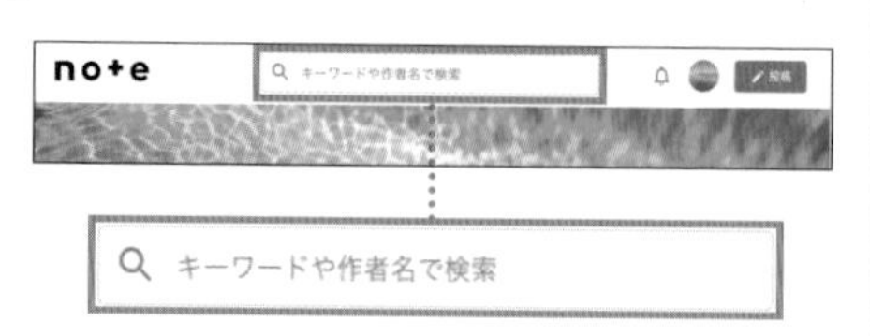

目的の記事を探すコツとして、以下のような方法があります。

方法	内容
複数のキーワード	複数のキーワードをスペースで区切って入力することで、それらのキーワードを合わせて含むnoteを検索できます。
ハッシュタグ	noteでは投稿時に自由にハッシュタグを設定できます。検索ボックスに「#」記号とともにキーワードを入力することで、そのハッシュタグが付けられた記事を検索できます。
ソート機能	検索結果画面では、記事の表示順を変更することができます。例えば、「新着順」や「人気順」に並べ替えることで、最新の記事や多くの人に支持されている記事を見つけることができます。
特定のクリエイターだけを検索	特定のクリエイターの過去記事だけを検索対象に検索を行うことができます。 検索したいクリエイターのホーム画面で、プロフィール欄にある「…」をクリックし、表示されるメニューから「記事を検索する」をクリックします。すると、検索窓に「from:@（noteID）」と入力されるので、スペースをあけて検索したい言葉を入力して検索します。 この方法は自分の過去記事の検索にも使用でき、過去記事を引用して記事を作成したい場合などにも便利です。 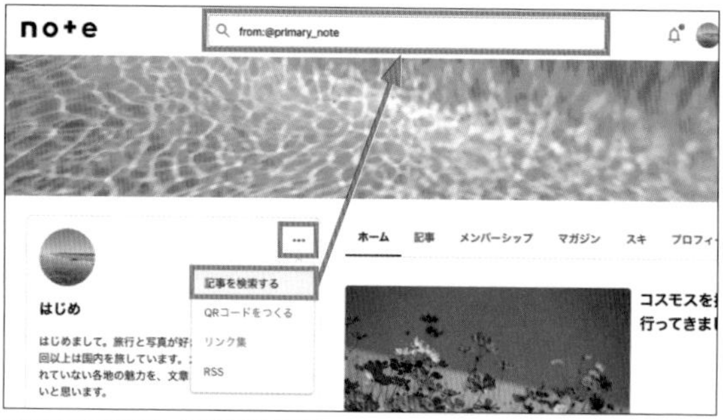

Chapter

4

テキストの記事を投稿しよう

いよいよnoteで発信を始めてみましょう。画像や音声など、さまざまな記事の投稿が可能ですが、まずはもっとも汎用性の高いテキストの投稿について説明します。

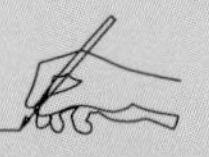

04-01 テキストを投稿しよう

まずは基本となるテキストの記事を作成して公開してみましょう。最初に、テキストを作成して公開するまでの基本的な流れを解説します。

テキストを編集する

1 「テキスト」をクリック

noteの画面右上にある「投稿」をクリックし(❶)、表示されるメニューから「テキスト」をクリックします(❷)。

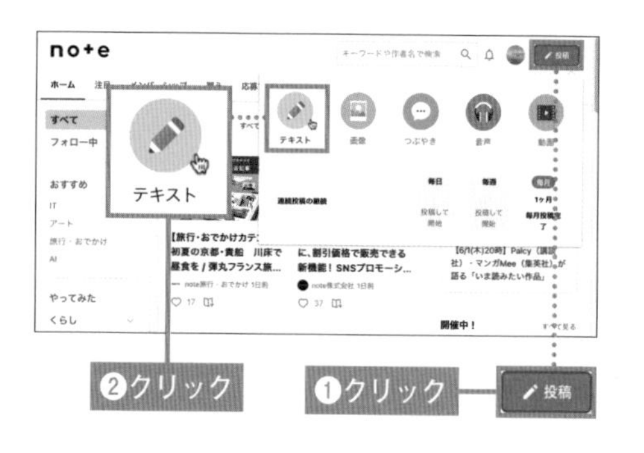

2 本文を入力

テキスト編集画面が表示されます。カーソルが置かれている領域に文章を入力していきます(❸)。

Enter キーを1回押すと改行ができます。Enter を2回押すと次の段落に移動します。

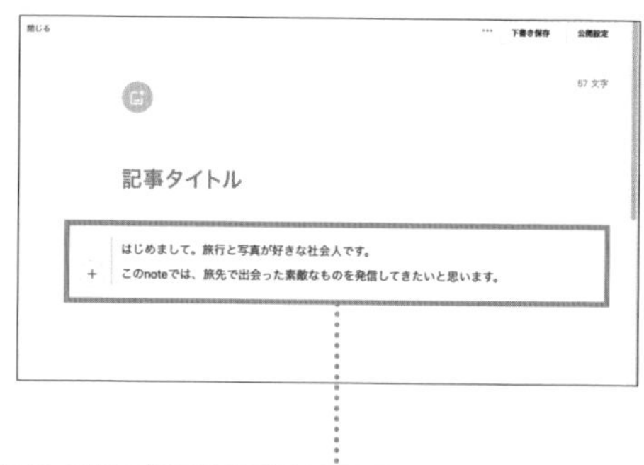

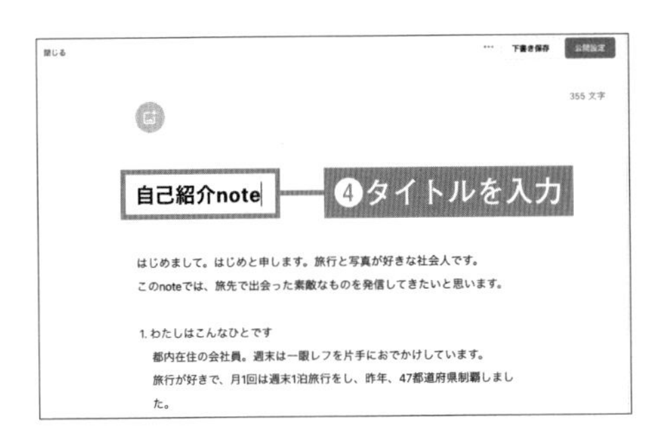

3 タイトルを入力

上部にある「記事タイトル」と表示されているスペースにタイトルを入力します(④)。

4 画像を選択

今回は、オリジナルの写真をアップロードする方法で説明します。
タイトル上部にある をクリックし(⑤)、表示されたメニューから「画像をアップロード」をクリックします(⑥)。ほかの方法については04-06(P.78)で説明します。
なお、見出し画像でnoteが公式に推奨するサイズは「1280px×670px」となっています。

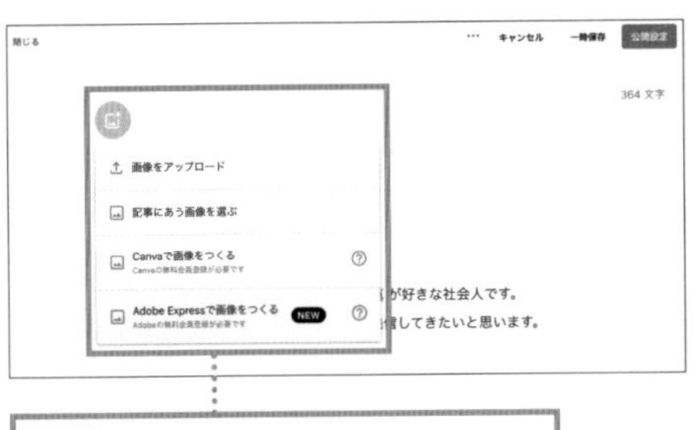

5 画像をアップロード

画像フォルダが開くので、挿入する画像を選択し(⑦)、「開く」をクリックします(⑧)。

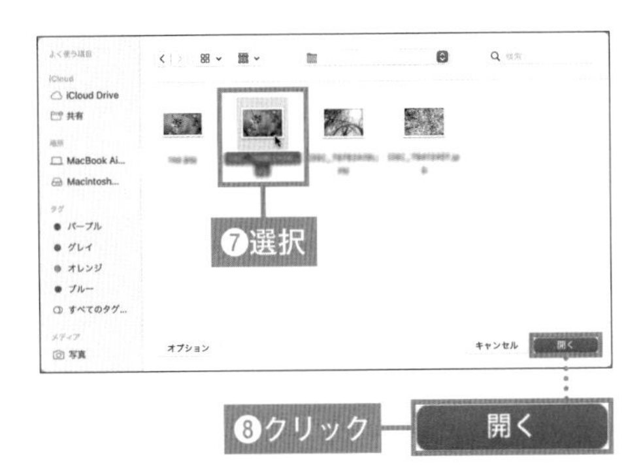

6 画像の位置を調整

画像の明るくなっている部分が見出し画像に設定されます。画像下部のスライダで画像の拡大・縮小を調整します（❾）。また、画像部分にカーソルを合わせると、+に変化するので、ドラッグして位置を調整します（❿）。
所望の配置ができたら「保存」をクリックします（⓫）。編集画面に戻ります。

7 公開設定画面を開く

公開設定画面の右上にある「公開設定」をクリックします（⓬）。

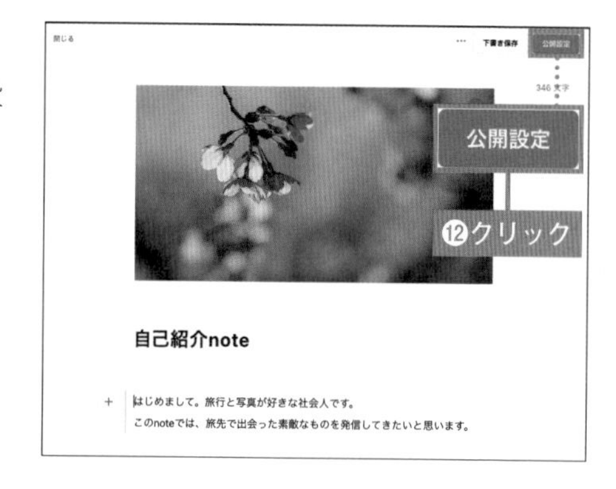

8 「投稿する」をクリック

公開設定画面の右上にある「投稿する」をクリックします（⓭）。投稿が完了し、あなたの記事が公開されます。なお、公開設定画面では記事が公開されるタイミングや公開範囲、有料/無料などを設定することができますが、のちほど05-06（P.98）で説明します。

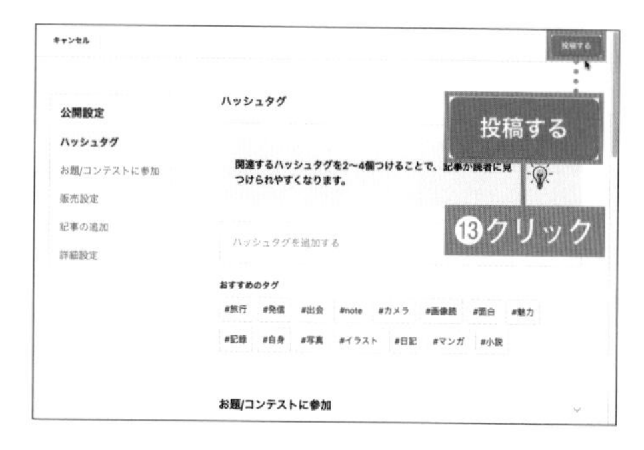

「投稿する」をクリックしたあと、「初めての記事をシェアしてみましょう！」などのポップアップが複数表示されることがありますが、これらの手順についてはのちほど紹介するので、いったんスキップして問題ありません。

Column

編集画面と公開画面のレイアウト

noteの投稿画面は非常にシンプルで、編集画面のレイアウトがほぼそのまま公開画面のレイアウトになっています。また、スマホ上の表示もほぼ同じレイアウトです。このため、プレビュー画面などを確認することなく、すぐに公開することができます。

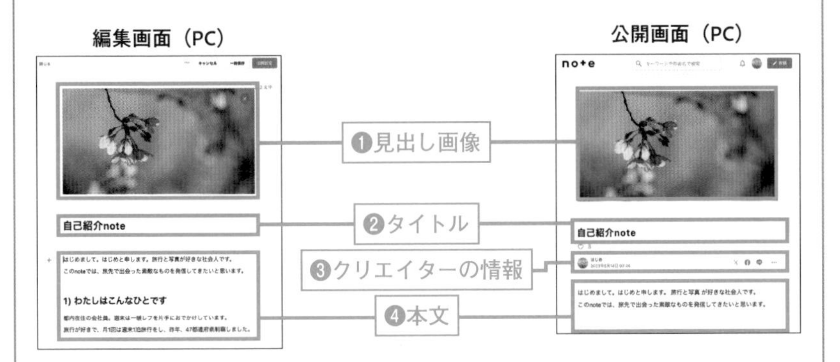

図の位置	レイアウト	内容
❶	見出し画像	好きな画像を設定することができます。SNSで記事をシェアする際には、この画像全体がOGP画像として表示されます。
❷	タイトル	記事のタイトルを設定します。タイムラインには、見出し画像とタイトルが表示されます。
❸	クリエイターの情報	公開画面でのみ、タイトルと本文の間にクリエイター名とクリエイターのアイコン、投稿日時などの情報が表示されます。
❹	本文	本文を記述します。見出しや強調、本文中の画像などもほぼ編集画面と同じ見た目で公開されます。

04-02 下書きを保存しよう

一度に書き切れないときなど、下書きを保存することができます。下書きの記事はあなたにしか見えません。また、一度公開した記事を下書きに戻して一時的に非公開にすることもできます。

編集中の下書きを保存する

1 「下書き保存」をクリック

記事の編集中に、編集画面の右上にある「下書き保存」をクリックします(❶)。保存が完了すると、「下書きを保存しました」と表示されます。

2 「閉じる」をクリック

編集をいったん終了する場合、編集画面の左上にある「閉じる」をクリックします(❷)。

3 ポップアップを閉じる

「下書きを保存しました。」というポップアップが表示されるので、「閉じる」をクリックします（❸）。
編集画面が終了し、記事のプレビューが表示されます。

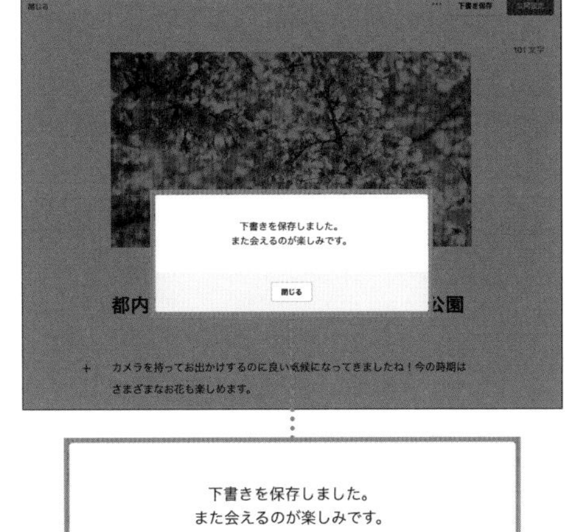

下書きから編集を再開する

1 「記事」をクリック

noteのいずれかのページで、右上にある自分のアイコンをクリックし（❶）、表示されるメニューから「記事」をクリックします（❷）。

2 「編集」をクリック

公開中・編集中の記事が一覧で表示されます。編集を再開したい記事の「編集」をクリックします（❸）。

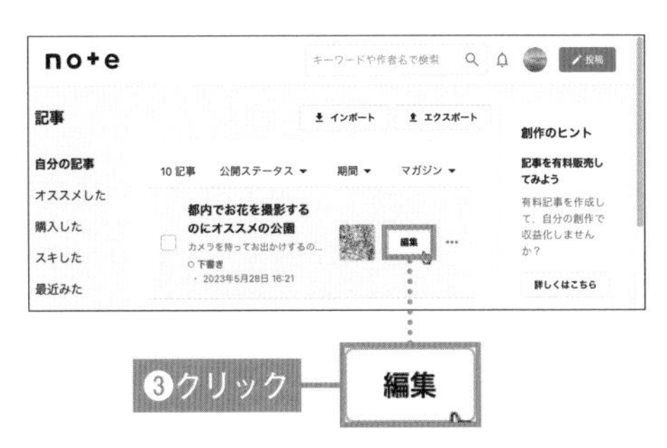

3 編集を再開

編集画面になり、前回保存を行った状態から編集を再開できます(❹)。

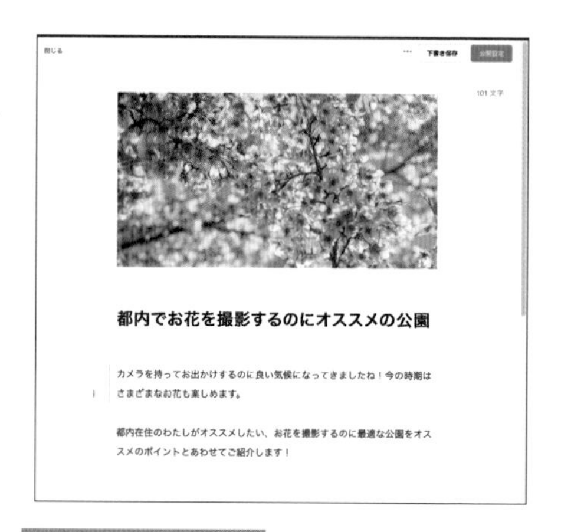

一度公開した記事を下書きに戻す

1 記事一覧画面に移動

noteのいずれかのページで、右上にある自分のアイコンをクリックしたあと(❶)、表示されるメニューから「記事」をクリックします(❷)。

2 「下書きに戻す」をクリック

記事の一覧から下書きに戻したい記事を探し、その右側にある「…」をクリックします(❸)。表示されるメニューから「下書きに戻す」をクリックします(❹)。

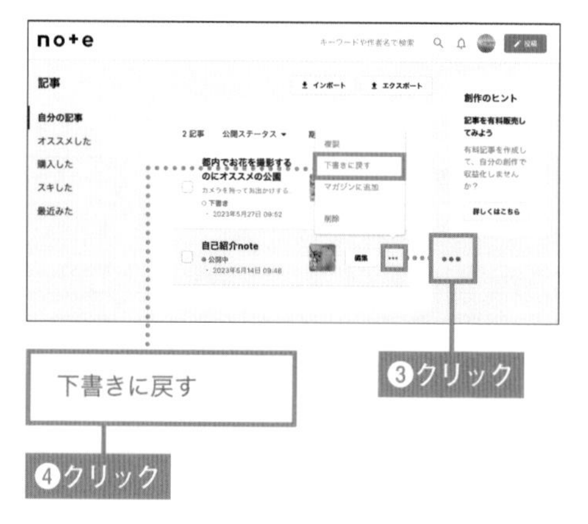

3 「OK」をクリック

「下書きに戻します。よろしいですか？」という確認のポップアップが表示されるので、「OK」をクリックします（❺）。

4 ポップアップを閉じる

「下書きに戻りました。」というポップアップが表示されるので、「閉じる」をクリックします（❻）。

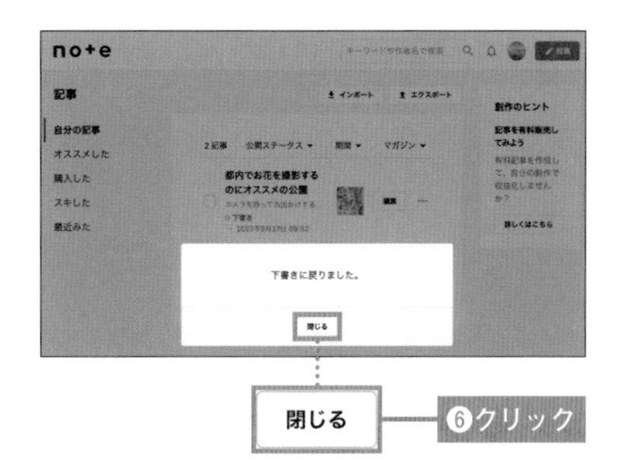

5 下書きに戻る

記事が下書きの状態に戻り、記事一覧で「下書き」と表示されます（❼）。再度公開したい際には、編集画面に入ってから通常の記事の投稿（P.58）と同じ方法で記事を公開します。

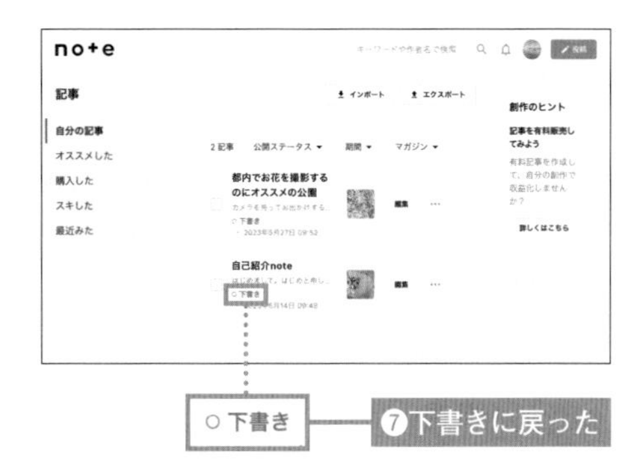

太字や見出しなどの書式を設定しよう

テキストの記事では、見出しを設定したり、太字で強調したりといった書式を設定することができます。設定できる書式は多くありませんが、その分、すっきりと見やすい記事に仕上げることができます。

テキストの記事で設定できる書式一覧

テキストの記事で設定できる書式には以下のものがあります。なお、ここではコードの説明は省略します。

書式	アイコン	表示イメージ
見出し （大見出し、小見出し）	見出し ⌄	大見出し 小見出し
太字	B	本文**太字**本文
取り消し線	∓	~~取り消し線~~
リスト （箇条書きリスト、番号付きリスト）	☰ ⌄	• 箇条書き • 箇条書き • 箇条書き 1. 番号付き 2. 番号付き 3. 番号付き
文字揃え方向 （左寄せ・中央寄せ・右寄せ）	≡ ⌄	左寄せ 中央寄せ 右寄せ
リンク	🔗	リンク
引用	❞	この文章は引用文です。 出典：●●●
コード	<>	print("Code area")

見出しを設定する（大見出し、小見出し）

テキストに、大見出し（h2タグ）、小見出し（h3タグ）を設定することができます。これらの見出しを使って目次を作成することも可能です（04-07→P.82）。

1 文字列の選択

見出しに設定したい文字列（1行）を選択します（❶）。選択した文字列の上部に書式メニューが表示されます（❷）。

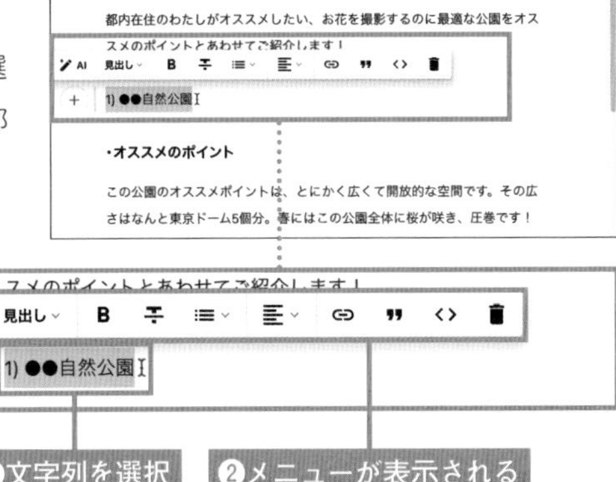

2 見出しの種類の選択

表示された書式メニューから、「見出し」の文字にカーソルを移動し（❸）、表示されたメニューから、設定したい見出しの種類を選んでクリックします（❹）。

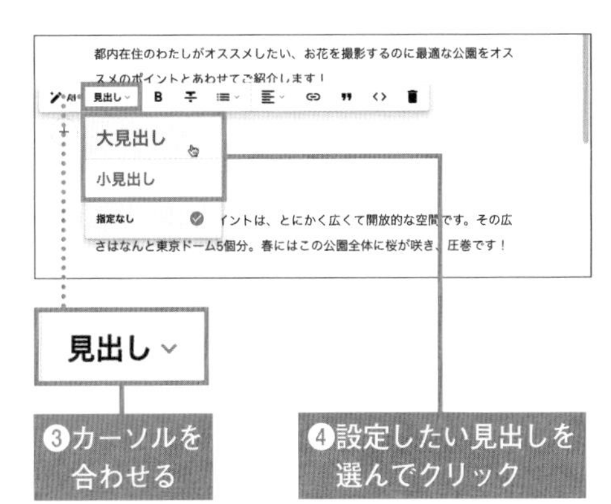

3 見出しの設定

選択した見出しの種類に設定されます（❺）。

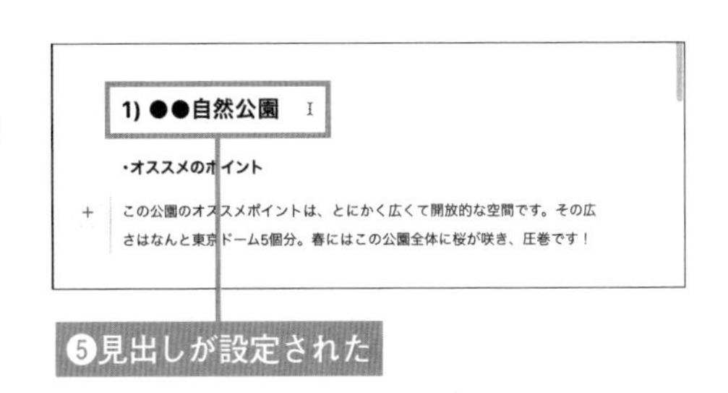

文字を太字に設定する

文章の強調したい場所を太字に設定することができます。なお、現時点では、太字以外の強調の方法（下線、マーカーなど）はありません。

1 文字列の選択

太字にしたい文字列を選択します（❶）。選択した文字列の上部に書式メニューが表示されます（❷）。

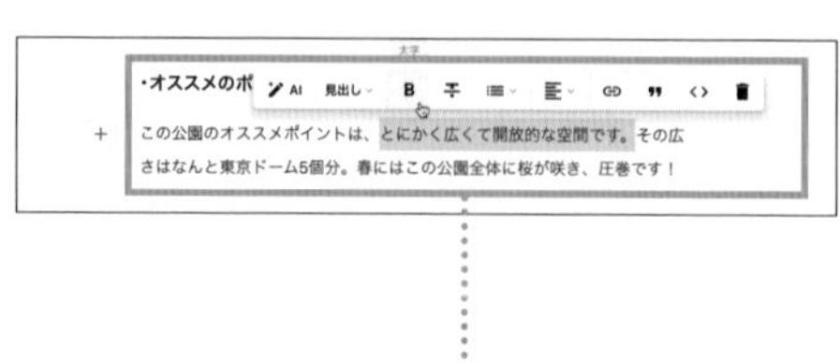

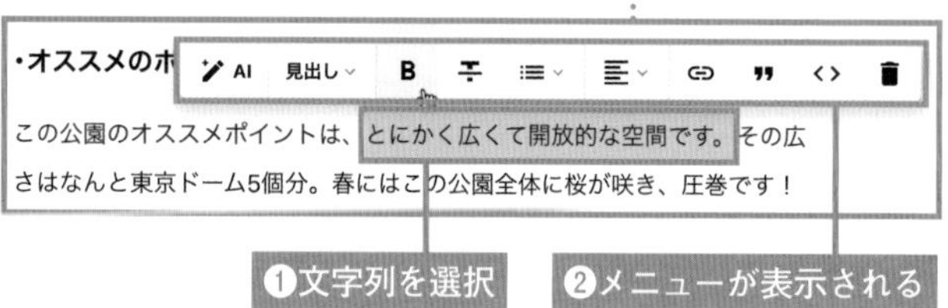

2 「太字」をクリック

表示された書式メニューから、B をクリックします（❸）。

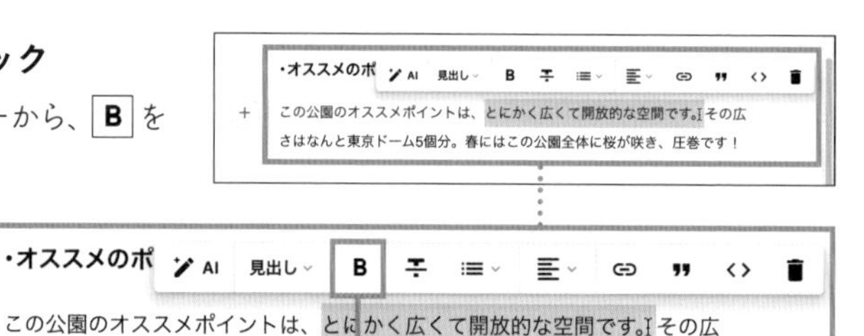

3 太字の表示

選択した文字列が太字になります（❹）。

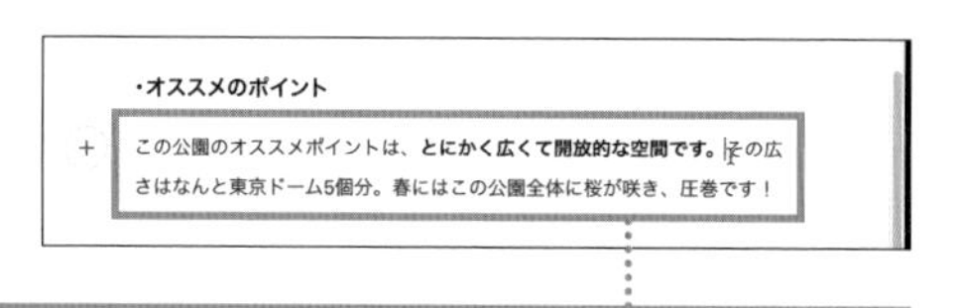

文字に取り消し線を入れる

文章に取り消し線を入れることができます。

1 文字列の選択

取り消し線を入れたい文字列を選択します(❶)。選択した文字列の上部に書式メニューが表示されます(❷)。

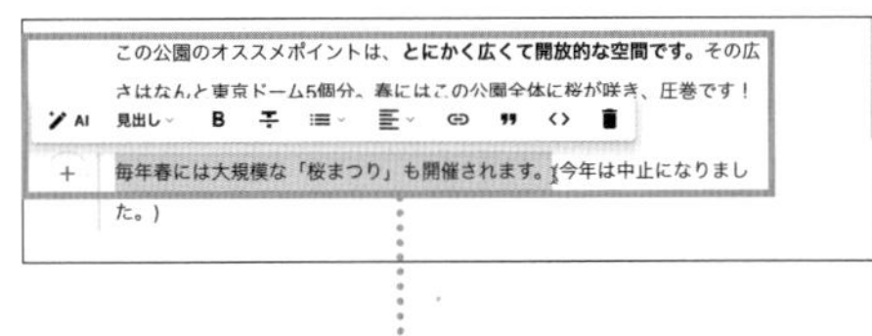

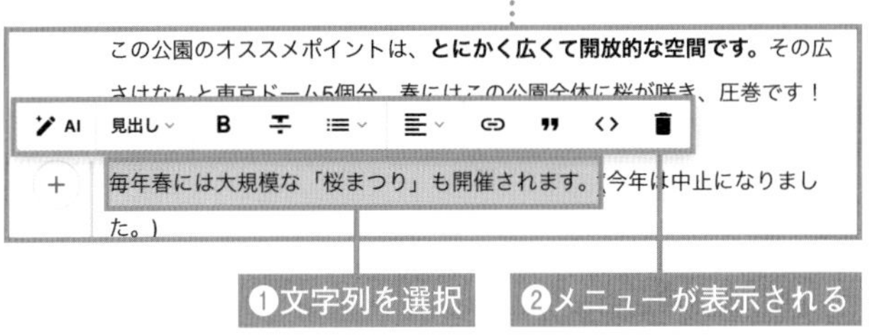

2 「取り消し線」をクリック

表示された書式メニューから、[取り消し線アイコン]をクリックします(❸)。

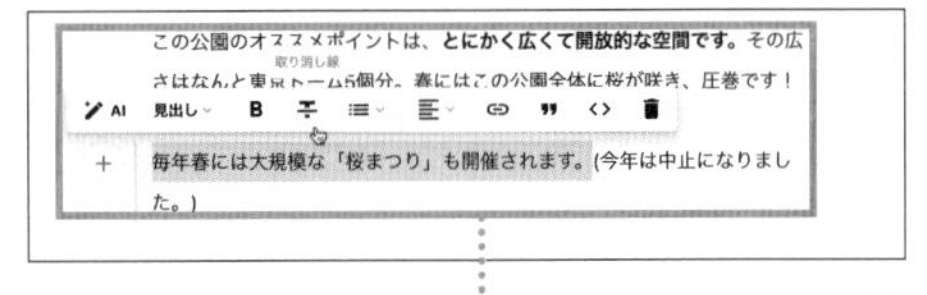

❸クリック

3 取り消し線の表示

選択した文字列に取り消し線が表示されます(❹)。

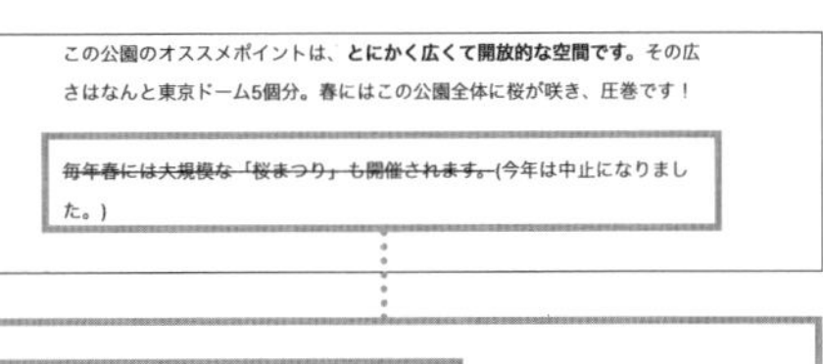

❹取り消し線が表示された

リスト（箇条書きリスト、番号付きリスト）を設定する

1 文字列の選択

リストにしたい文字列を項目ごとに改行して並べた状態で選択します（❶）。選択した文字列の上部に書式メニューが表示されます（❷）。

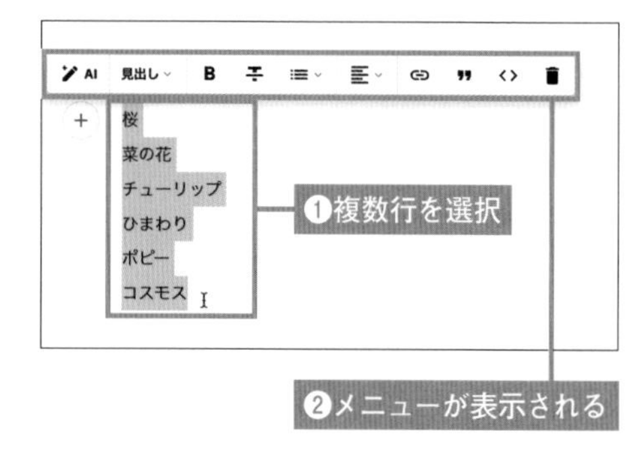

2 リストの種類の選択

表示された書式メニューから☰にカーソルを移動し（❸）、「箇条書きリスト」か「番号付きリスト」を選択します（❹）。

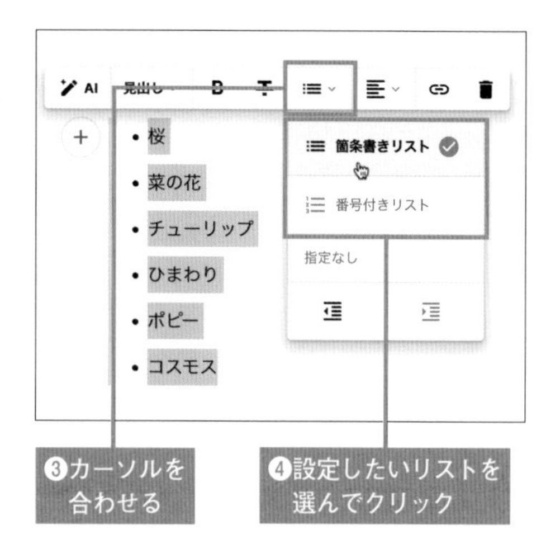

3 リストの表示

選択した形式のリストが表示されます（❺）。

なお、リストに階層を設定する場合、該当する行にカーソルを合わせた状態で Tab キーをクリックすると、最大5段階まで階層を下げて表示することが可能です。

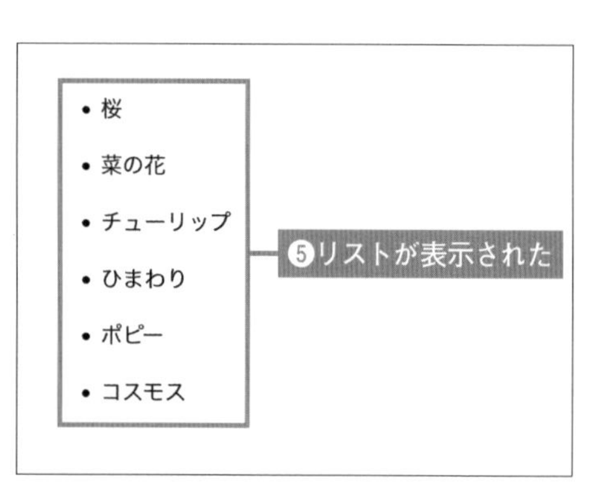

文字揃えを変更する

デフォルトでは、テキストはすべて左寄せで作成されます。

1 文字列の選択

文字揃えを変更したい段落を選択します（❶）。選択した文字列の上部に書式メニューが表示されます（❷）。文字揃えは文章の段落（入力をしているときに左側にグレーのバーが表示されるブロック）ごとに行われ、一部分の文字列を選択した場合でも、その文字列を含む段落全体の文字揃えが変更されます。

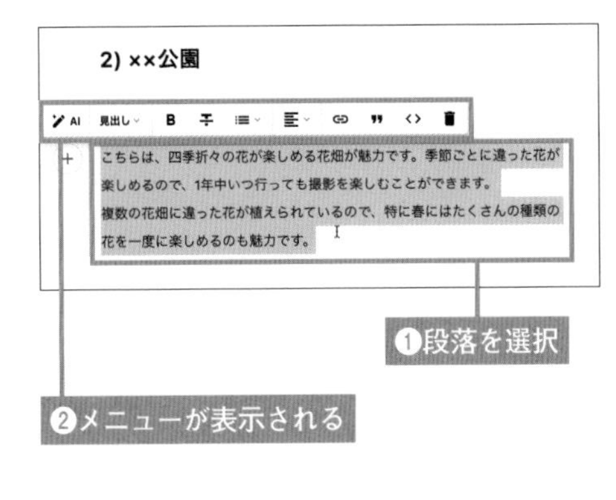

2 配置の選択

にカーソルを移動し（❸）、設定したい文字揃えをクリックします（❹）。

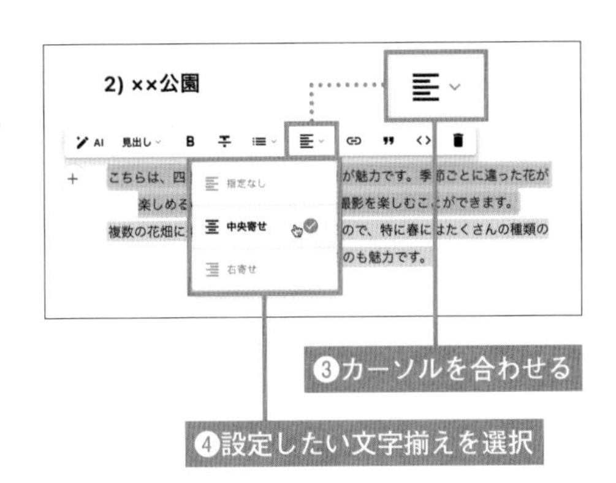

3 文字揃えの変更

文字揃えが変更されます（❺）。

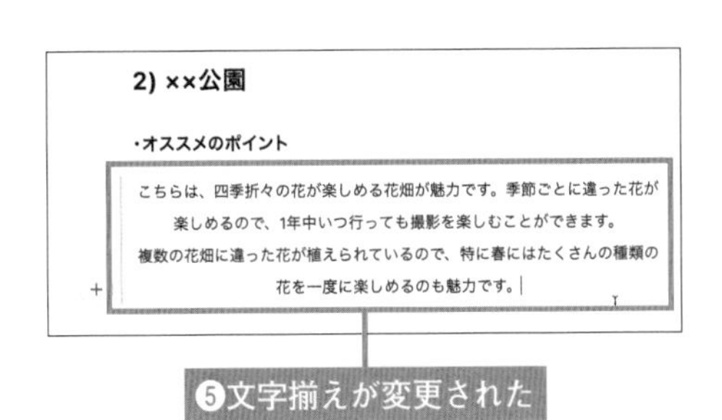

文字列にリンクを挿入する

任意の文字列にリンクを挿入することができます。リンクは同じ方法で、本文だけでなく見出しや写真にも挿入することができます。

1 「リンク」をクリック

リンクを設定したい文字列を選択します(❶)。選択した文字列の上部に表示された書式メニューから⊖をクリックします(❷)。

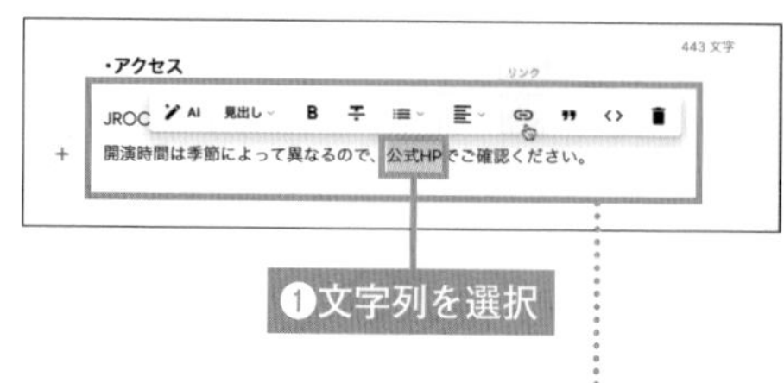

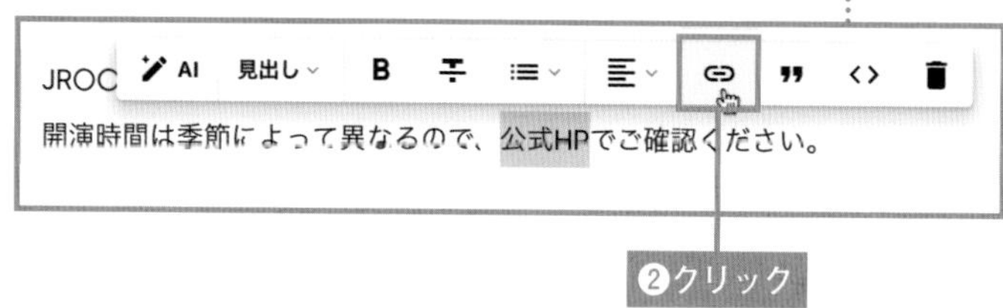

2 URLを入力

表示されるテキストボックスにリンク先のURLを入力し(❸)、「適用」をクリックします(❹)。

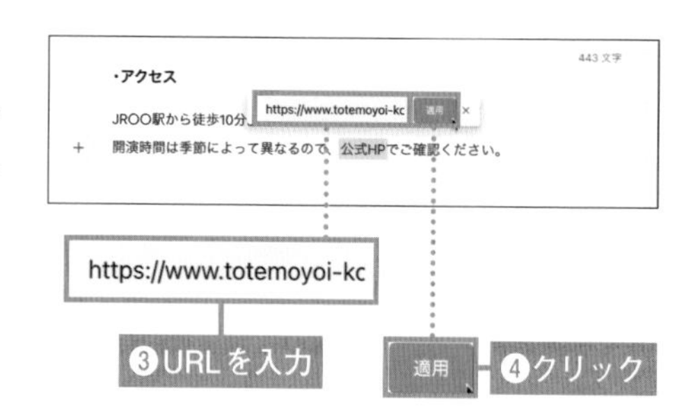

3 リンクの挿入

文字列に下線が引かれ、リンクが挿入されます(❺)。編集画面でリンクが設定された部分にカーソルを合わせると、下部にURLが表示され、リンクが挿入されていることを確認できます。

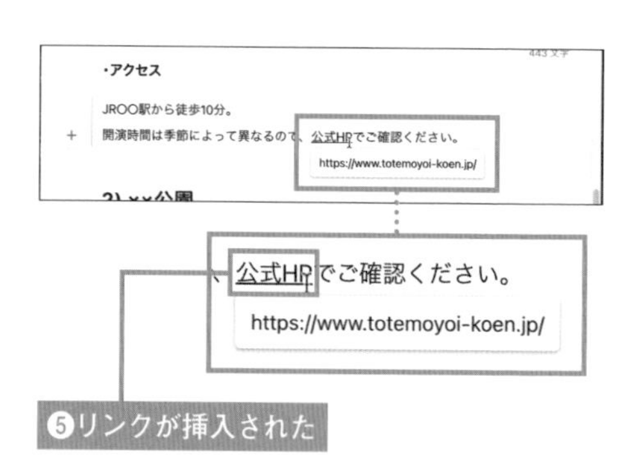

引用表示にする

書籍やほかの記事から文章を引用して掲載する際、引用表示として文字の背景色を薄グレーに変えて、その文章が引用したものであることを明示することができます。

1 文字列の選択

引用表示にしたい段落を選択します(❶)。選択した文字列の上部に書式メニューが表示されます(❷)。
なお、引用表示は段落単位で設定されます。複数の段落を選択した場合、引用表示は段落ごとに分割されます。

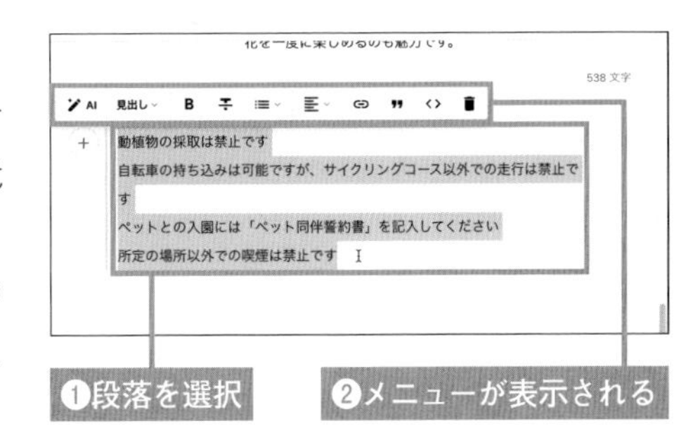

2 「引用」をクリック

表示された書式メニューから［❞］をクリックします(❸)。選択した部分の背景がグレーになり、引用表示に変化します(❹)。

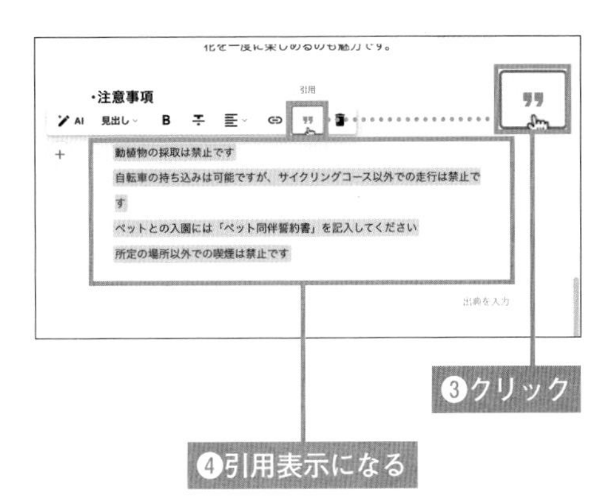

3 出典を入力

グレーの部分の下部にある「出典を入力」と書かれた部分をクリックし、出典を入力します(❺)。

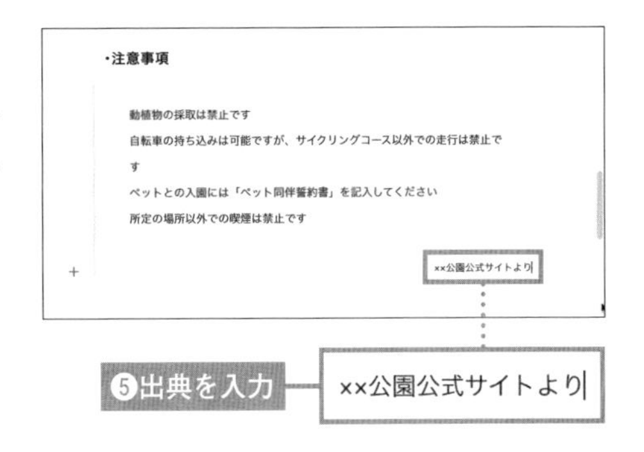

04-04 画像を挿入しよう

テキストの段落と段落の間に画像を挿入することができます。テキスト記事に挿入できる画像のサイズは10MBまでです。また、横幅620px以上の画像をアップロードした場合は、横幅620pxになるように自動で縮小されます。

フォルダから画像を挿入する

1 ＋マークをクリック

テキストの編集画面で画像を挿入したい場所をクリックし、表示された＋マークをクリックします（❶）。

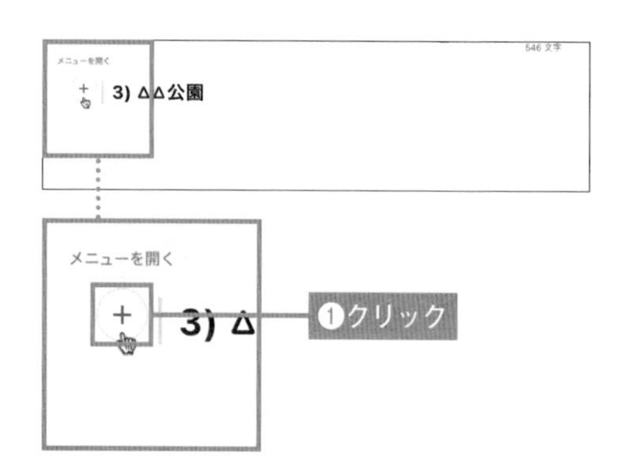

2 「画像」をクリック

表示されるメニューから「画像」をクリックします（❷）。

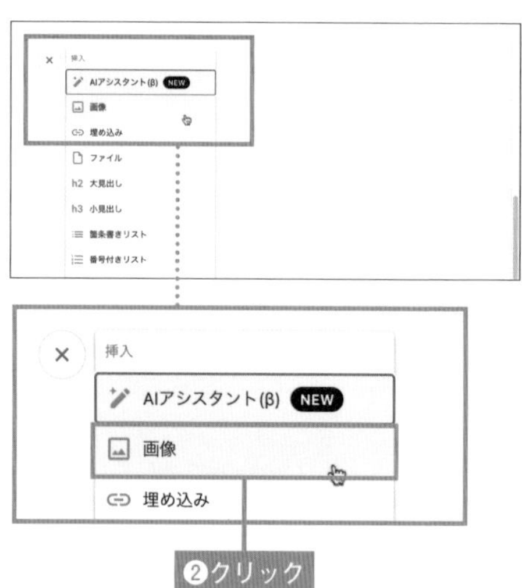

3 挿入したい画像を選択

画像を選択する画面から、挿入したい画像のファイルを選択し(❸)、「開く」をクリックします(❹)。

4 キャプションを入力(任意)

手順1でクリックした場所で改行され、画像が挿入されます(❺)。画像の下に「キャプションを入力」と書かれた部分をクリックし、任意でキャプションを入力します(❻)。

ワンポイント

ドラッグ&ドロップで画像を挿入する

挿入したい段落の下に画像ファイルをドラッグ&ドロップすると、かんたんに画像を挿入することができます。ドラッグする際、挿入位置に緑色のガイド線が表示されます。

04-05 SNSなどの外部サービスを埋め込もう

noteでは、ほかのnote記事や、X（旧Twitter）、Youtubeなどのコンテンツをかんたんに埋め込むことができます。

コンテンツを記事に埋め込む

1 リンクをペースト

noteへの埋め込みに対応しているサービス（P.77参照）のコンテンツURLをコピーし、テキストの編集画面にペーストします（❶）。

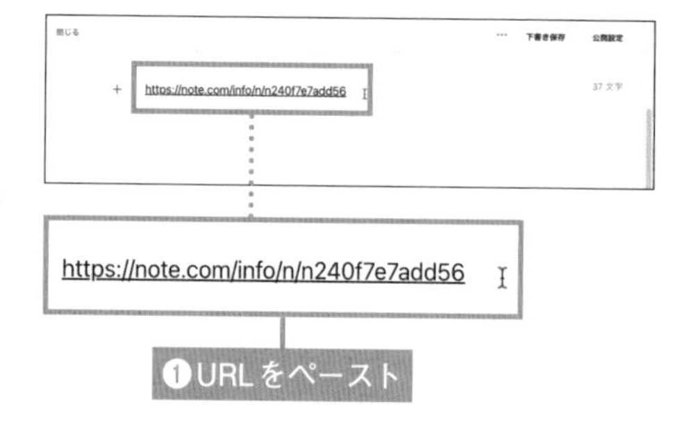

❶URLをペースト

2 コンテンツが埋め込まれる

Enter を押すと、自動的に埋め込まれます（❷）。

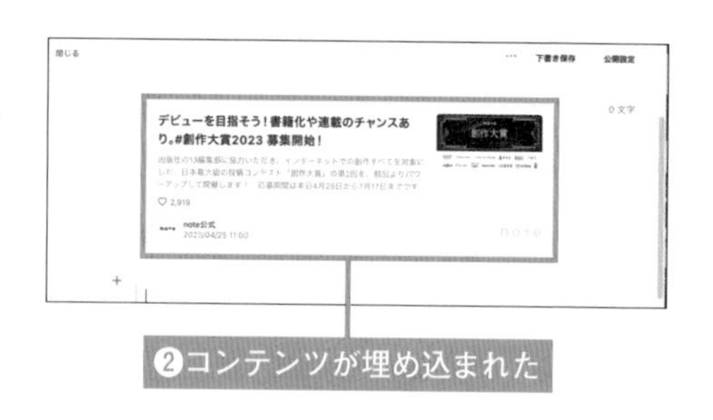

❷コンテンツが埋め込まれた

Column

サービスを埋め込んだ時の見え方

埋め込みに対応したサービスはすべて前ページの方法で記事に埋め込むことができます。代表的なサービスを記事に埋め込んだ際の見え方を紹介します。

なお、テキスト記事に埋め込みできるサービスについては、noteが公式に発表している最新版の一覧を、右のQRコードから見ることができます。

サービス	見え方
noteの記事	noteの記事は、記事のタイトル・本文の一部・クリエイター名などが表示されます。なお、埋め込みを行ったnoteを公開したタイミングでその記事を作成したクリエイターに通知が届きます。
動画サイト	YouTubeやVimeoなどの動画サービスは、動画のプレイヤーごと埋め込まれ、noteの記事からそのまま試聴することが可能です。
X（旧Twitter）	ポストのURLを埋め込むと、該当のポストが記事内にそのまま表示されます。
ECサイト	STORESやBASE、AmazonなどのECサービスは、商品名・商品画像・商品説明の一部・値段・購入先リンクが表示されます。

04-06 印象的な見出し画像を設定しよう

記事の見出し画像は、noteのタイムライン上や、ほかのSNSで記事がシェアされた際などに目を引く大事な画像です。noteでは、自身でオリジナルの画像を用意する以外にも、印象的な画像を見出しに設定できる方法があります。

みんなのフォトギャラリーから画像を挿入する

みんなのフォトギャラリーは、ほかのクリエイターがnoteに投稿した画像や、世界の美術館が広く公開している作品を、無料で記事の見出し画像として使える機能です。

1 「記事にあう画像を選ぶ」をクリック

テキスト編集画面で、画像アイコンをクリックします(❶)。表示される選択肢から「記事にあう画像を選ぶ」をクリックします(❷)。

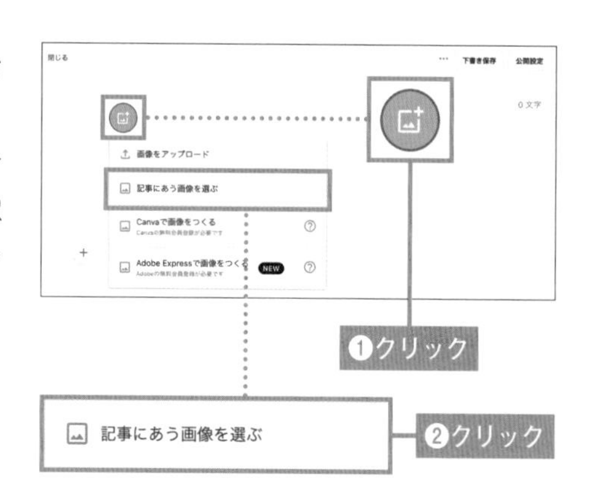

2 使用したい画像を選択

見出し画像として使用できる写真が表示されます。テーマごとのタブで絞り込んだり、テーマに合わせて検索したりして、使用したい画像をクリックします(❸)。

3 画像を決定

クリックした画像が大きく表示され、タイトルや撮影したクリエイター名が表示されます。使用する画像を決めたら、「この画像を挿入」をクリックします(❹)。

4 画像の位置を調整

画像の明るくなっている部分が見出し画像に設定されます。画像下部のスライダをドラッグして(❺)、画像の拡大・縮小を調整します。また、画像の上にカーソルを移動すると、十字カーソルに変化するので、ドラッグして位置を調整します(❻)。配置が確定したら「保存」をクリックします(❼)。編集画面に戻ります。

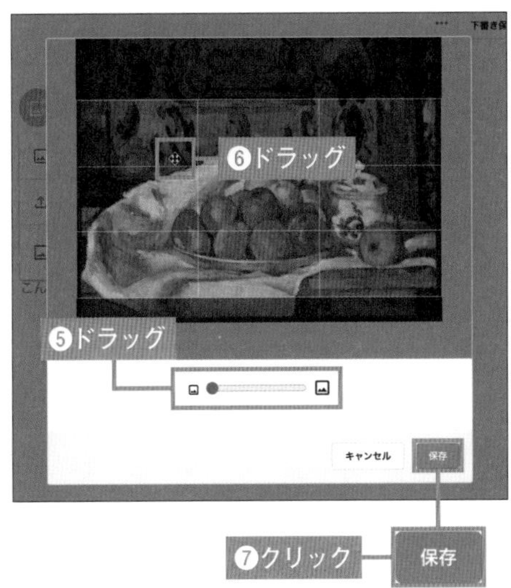

5 見出し画像の設定

見出し画像が設定されます(❽)。

画像の下部には、「Photo by～」と画像を提供したnoteのクリエイター名(美術館が提供する画像の場合、アーティスト名と美術館名)が表示されます。記事を公開すると画像を提供したクリエイターに通知が届きます。

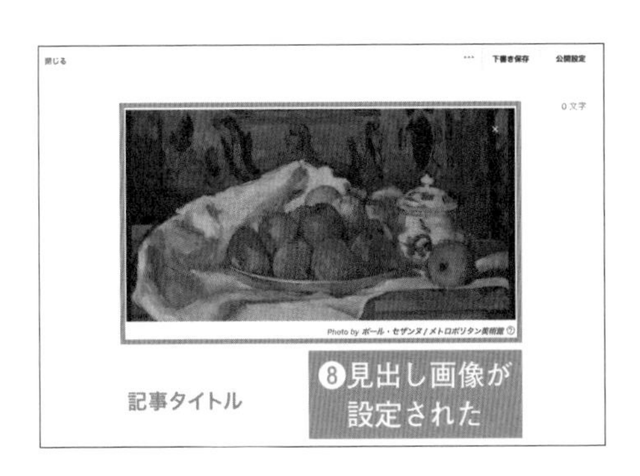

Canvaのテンプレートから画像を作成して挿入する

Canvaは、オンラインで使える無料のグラフィックデザインツールです。noteではCanvaとの連携機能によって、Canva上のテンプレートを使ってかんたんに見出し画像をデザインすることができます。

1 「Canvaで画像をつくる」をクリック

テキスト編集画面で、見出し画像位置にある画像アイコンをクリックします（❶）。表示される選択肢から「Canvaで画像をつくる」をクリックします（❷）。なお、初めての利用の場合、Canvaの無料会員登録が必要になります。

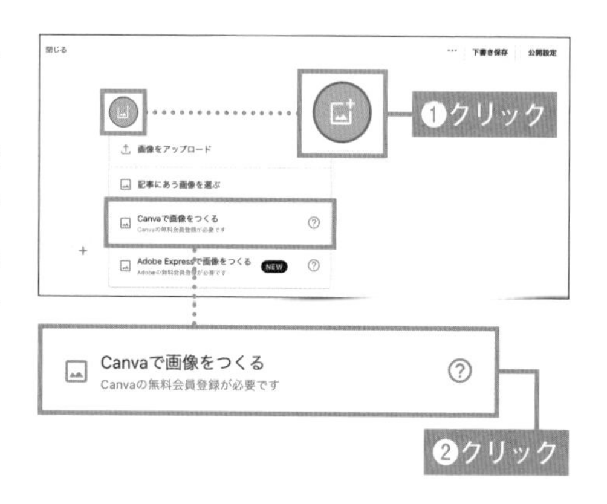

2 テンプレートを選択

画面左半分に、noteの見出し画像サイズに合わせたテンプレートが表示されます。テーマ別のタブや、検索を活用して、イメージに合ったテンプレートを見つけてクリックします（❸）。

3 文字や画像を編集

編集画面にテンプレートが配置されます。文字や画像を編集したり、色を変更したりすることができるので、自分の記事に合うように編集しましょう（❹）。

4 編集を完了

編集が完了したら、右上にある「公開」をクリックします（⑤）。

なお、Canvaは基本的に無料で使用できますが、右下に王冠のマークが描かれたテンプレートは有料になるので、注意してください。

5 見出し画像の設定

見出し画像が設定されます（⑥）。

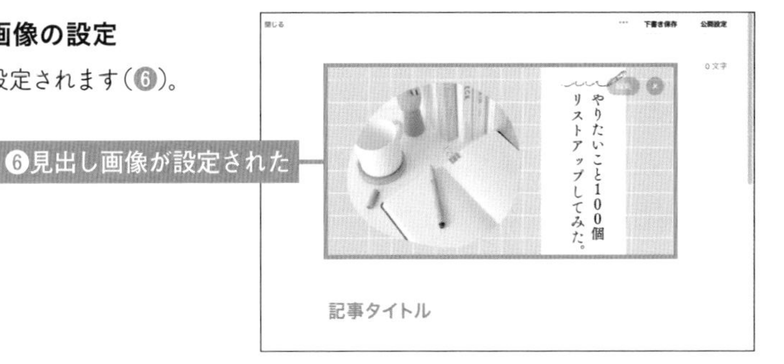

ワンポイント

画像生成AIによる見出し画像作成について

2023年11月からnoteとAdobe Expressが連携し、生成AIを使って、見出し画像を作成できるようになりました。

見出し画像の設定画面で、「Adobe Expressで画像をつくる」を選択し、「メディア」>「テキストから画像生成」を選択することで、さまざまなテイストの画像が作成できます。

「美術館　絵画展　作品を観る女性　後ろ姿」で生成した画像

使用方法の詳細は、右のQRコードで紹介されています。

04-07 見出しから目次を自動的に作成しよう

目次があると、読む人は記事の全体像をつかみやすく、記事中の希望の箇所にアクセスしやすくなるメリットがあります。見出しを利用して好きな場所に目次を作成することができます。

目次とは？

noteの目次は、右の図のように、記事の構造を示すものです。目次は、テキストの記事内の任意の箇所に挿入できます。

大見出し❶と小見出し❷の2段階で表示され、目次をクリックすると、記事中の該当の箇所に直接アクセスすることができます。

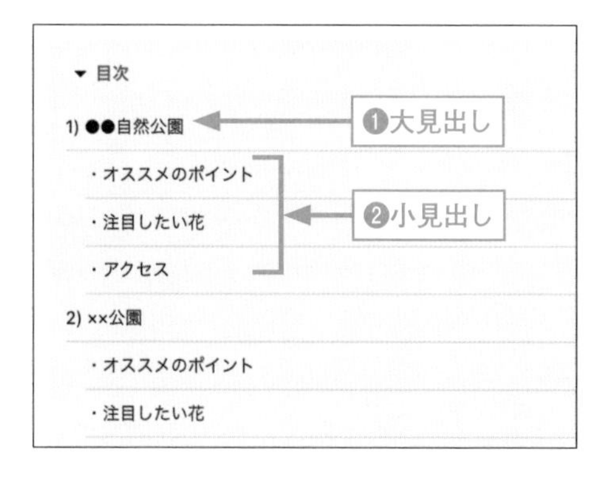

見出しから目次を作成する

1 目次を挿入したい場所をクリック

テキストの編集画面で、目次を追加したい箇所の直前にある段落の文字をクリックします。左側に+マークが表示されるので、これをクリックします(❶)。

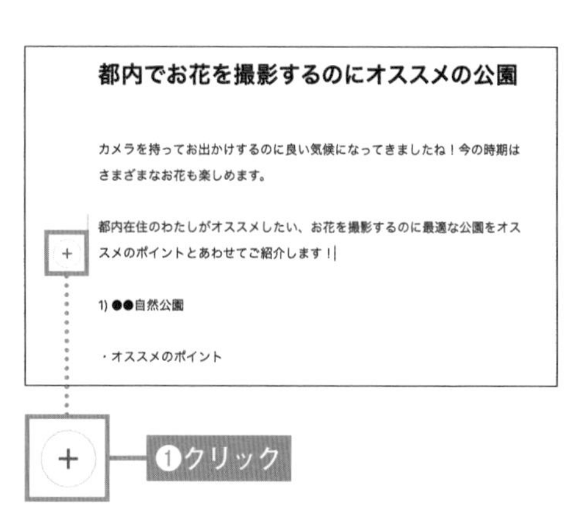

2 「目次」をクリック

表示されるメニューから「目次」をクリックします(❷)。

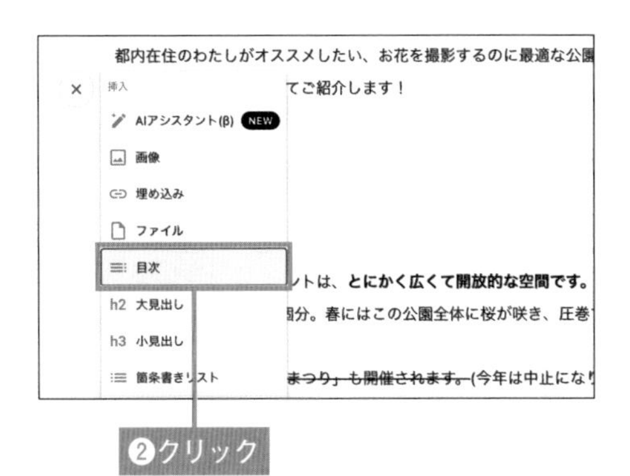

3 見出しを設定

04-03(P.67)に従い、記事中に大見出し・小見出しを設定します(❸)。見出しに設定した項目が自動的に目次に挿入されます(❹)。

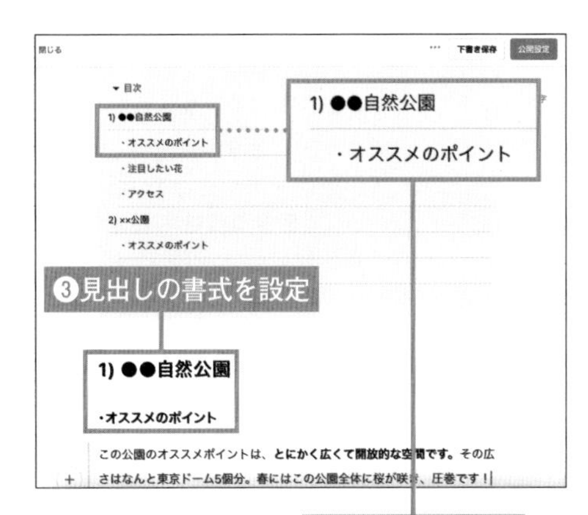

ワンポイント

目次の確認

記事中に目次を挿入するか否かにかかわらず、編集画面の左側には大見出し・小見出しの階層が「目次」として表示されます。

目次を挿入した箇所まで戻らなくても、大見出し・小見出しが適切に設定されているかをかんたんに確認することができます。

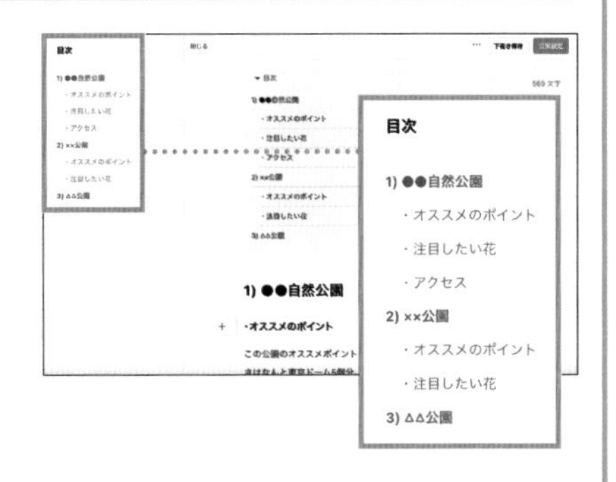

Column

noteに投稿できる記事の形式

noteに投稿できる記事の形式は次の5種類です。

形式	内容
テキスト	文章をメインとした記事に適しています。エッセイや小説、コラム、レシピなど、さまざまなジャンルの記事に使うことができます。文章と併せて写真や動画を挿入することもでき、汎用性の高い形式です。 
画像	写真やイラストなどの画像を投稿するのに適した形式です。記事のタイトルと画像、画像のキャプションのみが表示されます。1つの記事内で複数の画像を表示することができます。 
つぶやき	140文字までの短いテキストと画像を投稿できます。X（旧Twitter）のように気軽に投稿でき、近況報告やフォロワーとの交流などに使うのもよいでしょう。 
音声	音楽やトークなど、音を公開することができます。投稿できる形式は、MP3とAACです。スマホのアプリを使うと、その場で音声を録音して公開することも可能です。 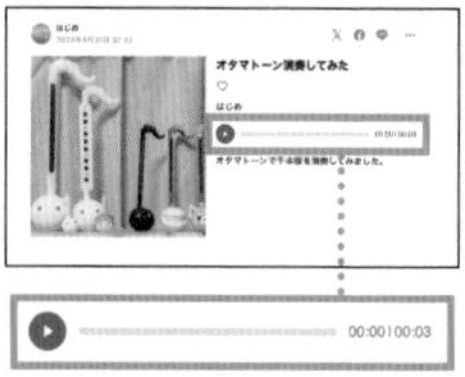
動画	YouTubeやVimeoなど、外部の動画サイトにアップロードされている動画を載せることができます。なお、動画ファイルを直接noteにアップロードすることはできません。 

Chapter

5

投稿をもっと楽しもう

noteではテキスト以外にも、画像や音声など、さまざまな種類の記事の投稿が可能です。また、記事の投稿時にさまざまなオプションを設定することもできます。一段レベルアップした記事を投稿してみましょう。

05-01 つぶやきを投稿しよう

投稿の種類で「つぶやき」では、140文字までの短いテキストと画像を投稿できます。

つぶやきを投稿する

1 「つぶやき」をクリック

noteの画面右上にある「投稿」をクリックし(❶)、表示されるメニューから「つぶやき」をクリックします(❷)。

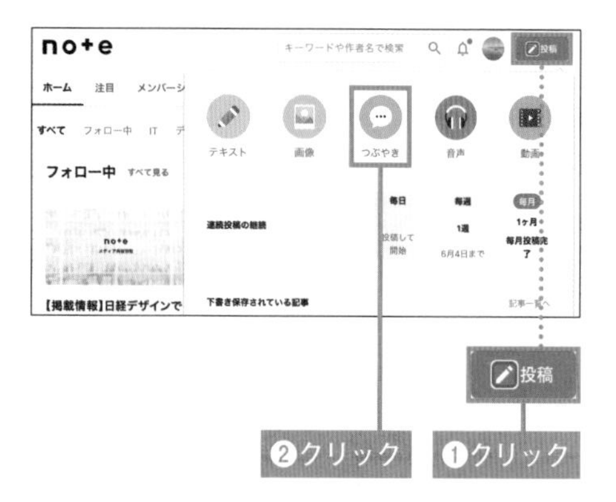

2 本文を入力

つぶやきの編集画面が表示されます。テキストボックスをクリックして、140文字までの文章を入力します(❸)。

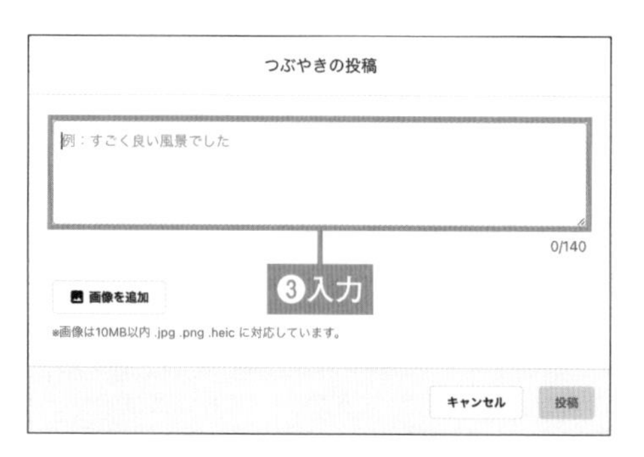

3 写真を添付（任意）

画像を掲載したい場合、「画像を追加」をクリックし、画像をアップロードします（❹）。

❹クリックして画像をアップロード

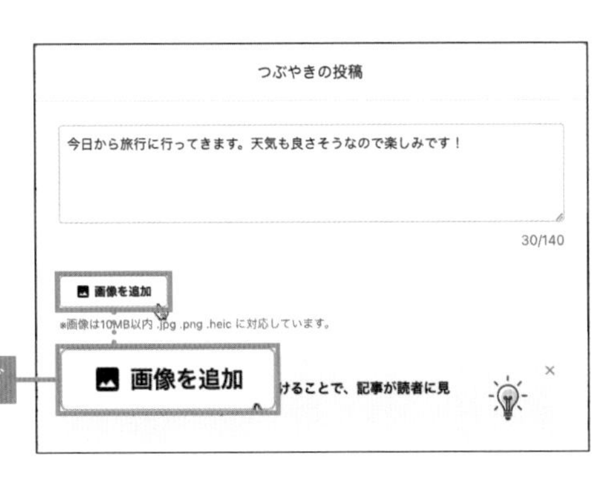

4 「投稿」をクリック

編集画面を下方にスクロールし、任意で、ハッシュタグやお題の設定を行ったあと（P.98参照）、下部にある「投稿」をクリックします（❺）。

5 つぶやきの記事の公開

つぶやきの記事が投稿されます（❻）。

❻つぶやきの記事が公開された

05-02 画像の記事を投稿しよう

投稿の種類で「画像」は、写真やイラスト、マンガなどの画像を投稿するのに適した形式です。1つの記事内で複数の画像を表示することができます。

画像の記事を投稿する

1 「画像」をクリック

noteの画面右上にある「投稿」をクリックし(❶)、表示されるメニューから「画像」をクリックします(❷)。

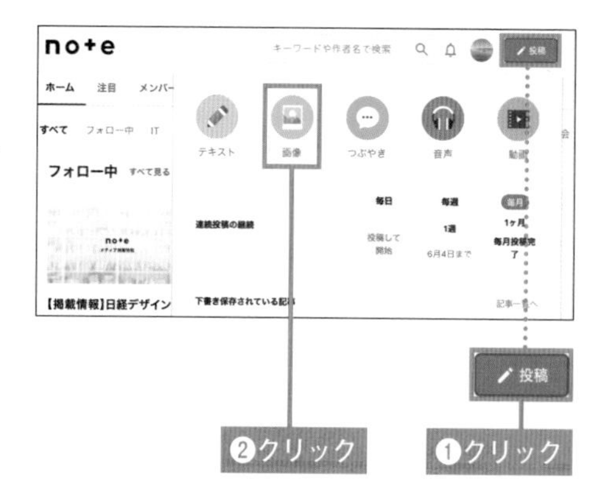

2 画像をアップロード

「画像を追加」と書かれた部分に、投稿したい画像をドラッグ&ドロップすると(❸)、編集画面に画像がアップロードされます。

複数の画像をまとめてドラッグ&ドロップすることも可能です。

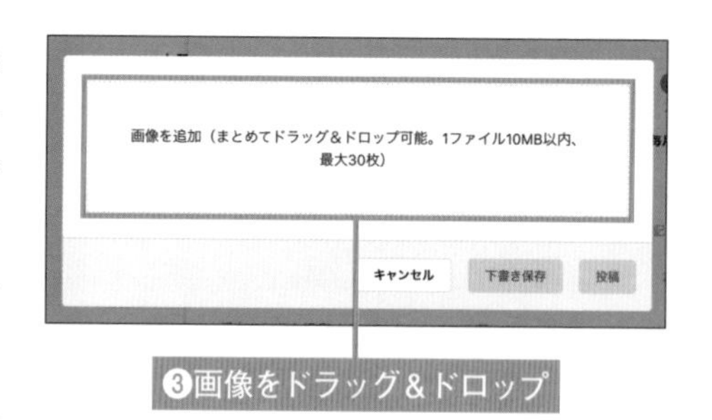

なお、画像の記事では、1画像のサイズは100MB以内、最大30枚まで投稿することができます。画像のサイズが横幅620px以上の場合、620pxになるように横幅が自動で調整されます。また、縦横の比率には指定がなく、4コママンガなどの縦に長い画像を投稿することも可能です。

3 画像の説明を入力（任意）

画像下部のテキストボックスに画像の説明を入力します（❹）。説明は255文字まで入力できます。

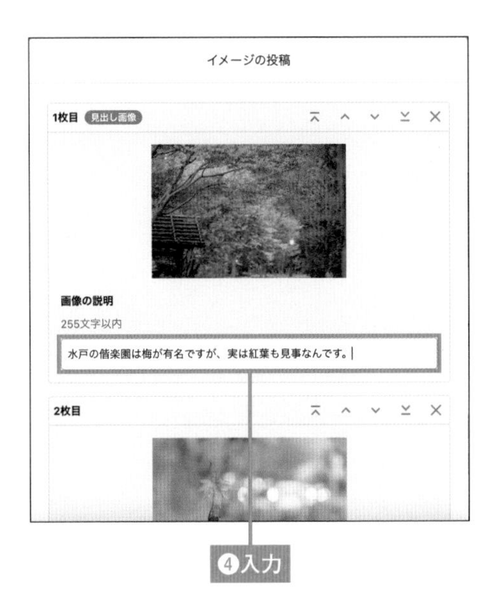

4 記事のタイトルを入力

編集画面の下部にある、「タイトル」と書かれたテキストボックスに、記事のタイトルを入力します（❺）。

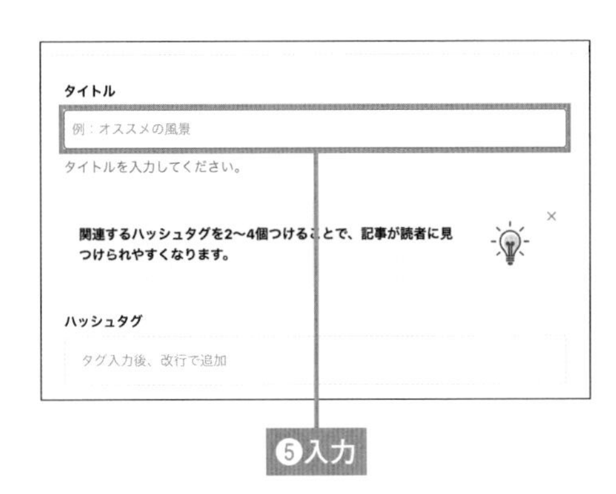

5 「投稿」をクリック

任意で、ハッシュタグやお題の設定（P.98参照）を行ったあと、編集画面の下部にある「投稿」をクリックします（❻）。

6 画像の記事の公開

画像の記事が投稿されます(❼)。

❼画像の記事が公開された

ワンポイント

画像を入れ替える方法

画像を一度に複数枚アップロードし、その順番を入れ替えたいときには、画像右上にあるアイコンをクリックします。画像を直接ドラッグして順番を入れ替えることもできます。

なお、先頭の画像は、見出し画像となり、サムネイルに大きく表示されます。

アイコン	機能
	先頭に移動
	ひとつ上に移動
	ひとつ下に移動
	最後に移動
	画像を削除

Column

投稿の種類で、テキストと画像の使い分けについて

テキストの記事も、画像の記事も、どちらにも画像を挿入することができます。そのため、「テキスト」と「画像」のどちらの投稿形式を使うか迷うこともあるかもしれません。

それぞれの記事で画像を掲載したときの違いについて紹介します。

種類	テキストの記事	画像の記事
ヘッダー画像	1280×670pxの横長	横幅670pxで縦横比は任意
サムネイルの表示	ヘッダー画像（比率19.1:1）がそのまま表示される	1枚目に設定した画像の中央部がトリミングされて表示される（比率3:2）
画像の代替テキスト（alt属性）設定	可能	不可
画像の説明文（キャプション）	可能（制約なし）	可能（255文字以内）
画像の説明文（キャプション）の改行	可能	不可
画像以外の挿入（地の文章、ほかのファイル）	可能	不可

noteでは公式にこの使い分けについてはっきりとは言及されておらず、写真主体の記事や漫画を、テキストの記事として公開している方も、画像の記事として公開している方もいらっしゃいます。

05-03 音声の記事を投稿しよう

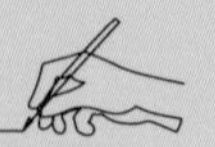

投稿の種類で「音声」では、MP3 と AAC 形式で音声を投稿ができます。スマホのアプリを使うと、その場で音声を録音して公開することも可能です。

音声の記事を投稿する

1 「音声」をクリック

noteの画面右上にある「投稿」をクリックし（❶）、表示されるメニューから「音声」をクリックします（❷）。

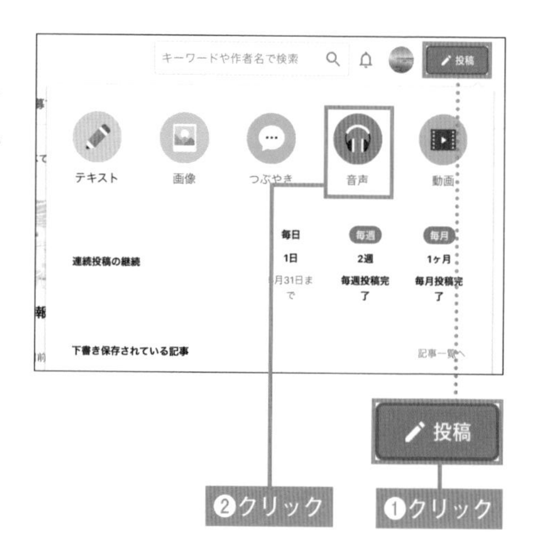

2 音声ファイルをアップロード

「クリックしてファイルを追加」と書かれた部分に、投稿したい音声ファイルをドラッグ＆ドロップすると（❸）、音声ファイルがアップロードされます。最大100MBのMP3、AACのファイルが投稿できます。

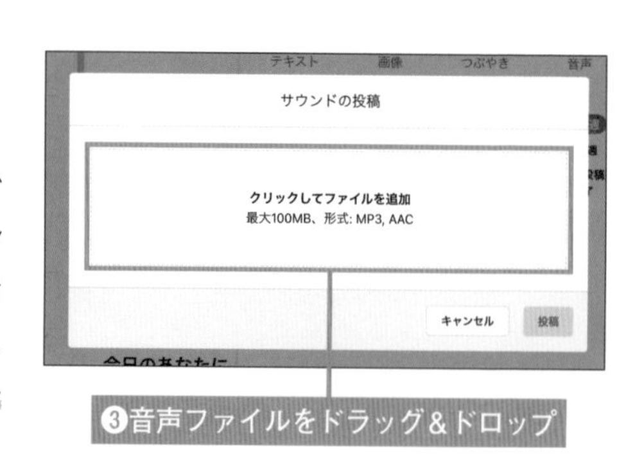

3 カバー写真を追加

「クリックして画像を追加」と書かれた部分に、カバー写真に設定したい画像ファイルをドラッグ&ドロップします(❹)。

10MB以内のjpg、png、heic画像のアップロードが可能です。また、サムネイルは正方形で表示され、サイズは1000×1000px以上がオススメです。

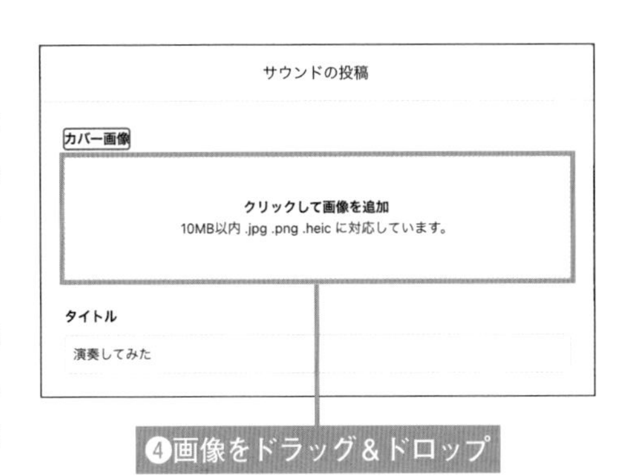

4 音声の情報を入力

「タイトル」「作者」「説明」を入力します(❺)。また、ダウンロードを許可する場合、ダウンロード項目の「許可する」のチェックボックスにチェックを入れます(❻)。

任意で、ハッシュタグやお題の設定(P.98参照)を行ったあと、「投稿」をクリックします(❼)。

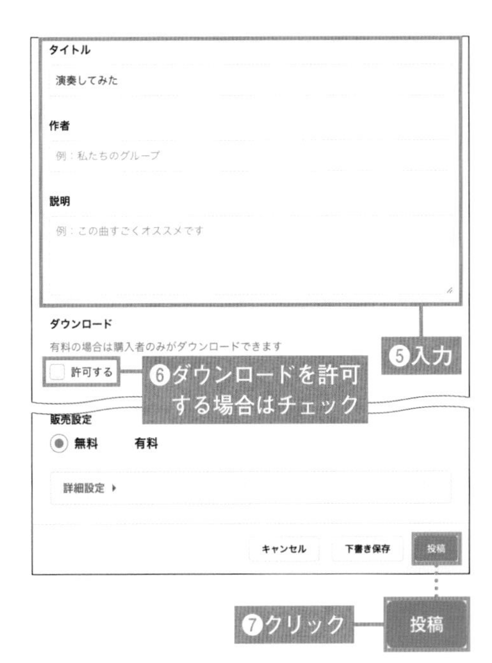

5 音声の記事の公開

音声の記事が投稿されます(❽)。

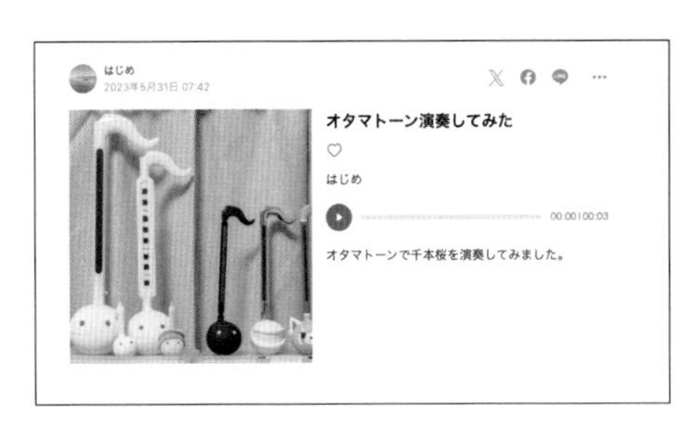

05-04 動画の投稿をしよう

投稿の種類で「動画」を使うと、YouTubeやVimeoなど、外部の動画サイトにアップロードされている動画を掲載することができます。ただし、動画ファイルを直接noteにアップロードすることはできません。

動画の記事を投稿する

1 「動画」をクリック

noteの画面右上にある「投稿」をクリックし(❶)、表示されるメニューから「動画」をクリックします(❷)。

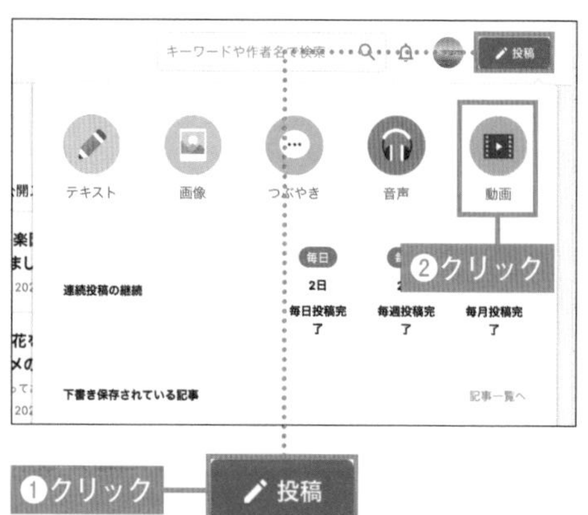

2 動画のリンクをペースト

「動画URLを貼り付けてください」と書かれた部分の下部に、投稿したい動画のリンクをペーストします(❸)。動画は、YouTubeまたはVimeoで公開されているものに対応しています。なお、動画ファイルを直接アップロードすることはできません。

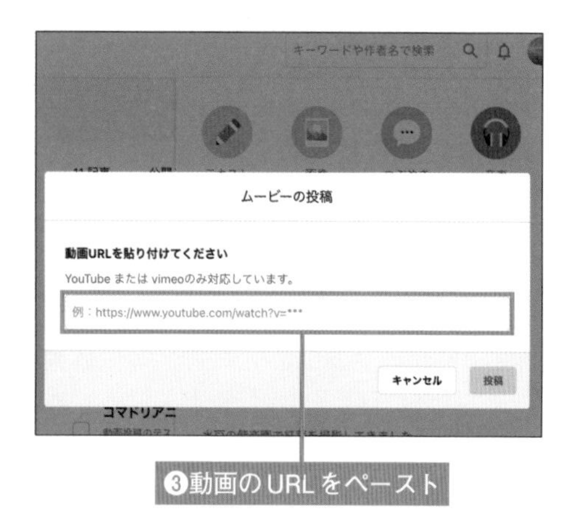

3 動画の情報を入力

動画のサムネイルが表示されるので、その下に「ムービーのタイトル」「ムービーの説明」を入力します（❹）。

4 「投稿」をクリック

任意で、ハッシュタグやお題の設定（P.98参照）を行ったあと、編集画面の下部にある「投稿」をクリックします（❺）。

5 動画の記事の公開

動画の記事が投稿されます（❻）。

05-05 記事のレイアウトを変更しよう

クリエイターページ内のレイアウトは、3 種類から選ぶことができます。記事の主体となるのが文章か画像かなど、表現に合わせて見せ方を変更しましょう。

記事のレイアウトの種類

自分のクリエイターページの「記事」タブのレイアウトは次の3種類から選ぶことができます。

種類	内容
リスト	記事タイトルの下に写真が大きく表示され、その下に記事の冒頭の文章が表示されます。画像の記事の場合、記事内の複数の画像のサムネイルと全画像数も表示されます。 画像が大きく表示されるのでインパクトがある一方、1ページ内に表示される記事数は少なくなります。写真や漫画など、画像を大きく見せたい場合に向いています。 
リスト（小）	左側約2/3のスペースに記事のタイトルと記事の冒頭の文章が表示され、右側約1/3のスペースに見出し画像が表示されます。 コンパクトに1ページ内で多くの記事を見せることができます。文章が主体の記事の場合やすっきりと多くの記事を見せたい場合に向いています。 
カード	縦長のスペースの上半分に見出し画像が表示され、その下にタイトルと記事の冒頭の文章が表示されます。タイル状に複数列の並びで配置されます。 画像を大きく見せつつ、1ページ内で多くの記事を見せることができます。 

記事のレイアウトを変更する

1 「設定」をクリック

P.26の手順1の方法で、自分のクリエイターページを開き、「設定」をクリックします（❶）。

2 レイアウトの種類を選択

「レイアウト」から、設定したいレイアウトをクリックし（❷）、右下の「保存」をクリックします（❸）。

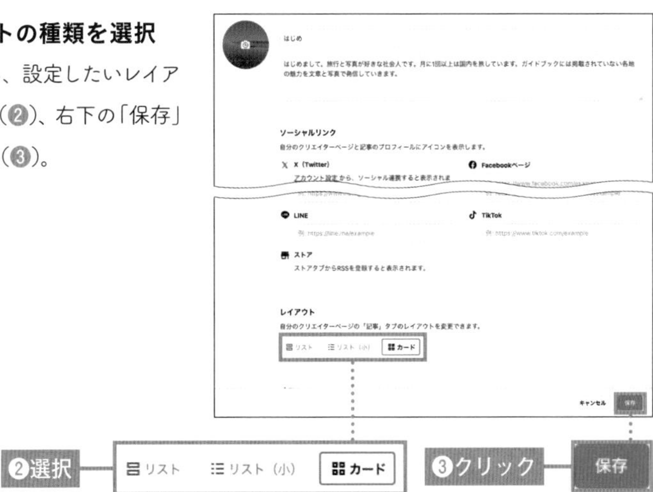

3 「記事」をクリック

自分のクリエイターページの「ホーム」タブの画面が表示されるので、「記事」のタブをクリックします（❹）。

選択したレイアウトに変更されています。ただし、「ホーム」タブのレイアウトは変更されません。

05-06 公開時の設定を行おう

せっかく記事を書いたら多くの人に読んでもらいたいですよね。タグを使って検索されやすくしたり、同じテーマの記事を集めたお題に参加したりして表示される機会が増えるよう、公開時の設定を行いましょう。

ハッシュタグとは？

ハッシュタグは検索のためのキーワードのようなものです。「#」マーク（ハッシュマーク）と単語を組み合わせたもので、タグをクリックすると、同じタグの付けられた記事の一覧ページにアクセスすることができます。

タグを適切に設定することで特定のトピックやジャンルの記事を探している人、noteの編集チームからも記事を見つけてもらいやすくなります。

noteでは、テキスト記事の文章中に「#●●」の形で記述することでタグ付けされるほか、投稿画面でタグを設定することで、記事にタグを付けることができます。

記事にタグを付けよう

1 「公開設定」をクリック

noteの記事を作成し、「公開設定」をクリックして（❶）、公開設定画面を開きます。

2 ハッシュタグを入力

「ハッシュタグを追加する」と書かれたテキストボックスにハッシュタグを入力し、Enterキーを押します(❷)。単語だけ入力してもEnterキーを押すと、「#」マークが補完されます。複数のタグを設定できますが、3〜5個程度にすることが、noteでは推奨されています。
すべて入力したら「投稿する」をクリックします(❸)。

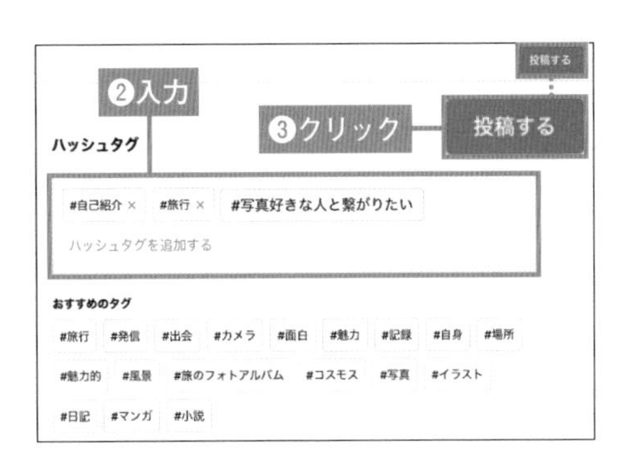

3 記事が公開される

記事が公開され、記事の末尾にハッシュタグが表示されます(❹)。

読んでくださってありがとうございました。カメラが好きな方、旅行が好きな方と繋がれたら嬉しいです。

この記事が参加している募集

自己紹介 192,297件

④ハッシュタグが表示された

#自己紹介 #旅行 #写真好きな人と繋がりたい

ワンポイント

タグ設定のポイント

ハッシュタグの付け方に悩んだ場合、次のような切り口で3〜5個のハッシュタグを付けてみましょう。

切り口	内容
記事のカテゴリ	表現形式や、大きなジャンルで分類しタグ付けしましょう。 #小説、#写真、#日記、#レシピ、#エッセイ、#漫画、#イラスト　など
記事のテーマ	どのようなテーマ、何について書いているのかをタグ付けしましょう。 #旅行、#アート、#ゲーム、#日常、#恋愛、#学び　など
シリーズ名や商品名・ブランド名	シリーズ化して書いている記事があれば、そのシリーズ名を書きましょう。また、自身の商品やブランドなどについて解説しているのであれば、その名称を入れましょう。
関連キーワード	登場する人の名前、テーマから連想するものなど、記事を読んでもらいたい人が興味を持ちそうなキーワードを設定してみましょう。
noteのお題	次ページで説明するお題のタグを付けて、お題に参加しましょう。

お題やコンテストとは？

お題やコンテストは、noteが創作のアイデアとなるテーマを用意して、クリエイターの作品を募集しているものです。

お題は、note編集部が独自に開催しているもので、何を書こうか迷った時に参考になるテーマが用意されています。

コンテストは、noteが企業とコラボレーションして実施しているものです。こちらでは、審査員やコラボ企業により審査が行われ、さまざまな賞が贈られます。

お題やコンテストに参加しよう

1 ハッシュタグを確認

お題やコンテストには、ハッシュタグを付けるのと同じ要領で参加できます。noteトップの左側のメニューにある「投稿企画」をクリックします（❶）。画面をスクロールして、開催中のコンテストやお題から、応募したいタグを確認します（❷）。

2 「公開設定」をクリック

noteの記事を作成し、「公開設定」をクリックし（❸）、公開設定画面を開きます。

3 ハッシュタグを入力

「ハッシュタグ」のテキストボックスに、手順1で確認したハッシュタグを入力します（4）。

ハッシュタグを途中まで入力すると、「お題開催中」と書かれた入力候補がプルダウンで表示されることがあります。こちらをクリックしても設定できます。

すべて入力したら、「投稿する」をクリックします（5）。

4 お題に参加

記事が公開され、記事の末尾に「この記事が参加している募集」というテキストボックスが表示されます（6）。

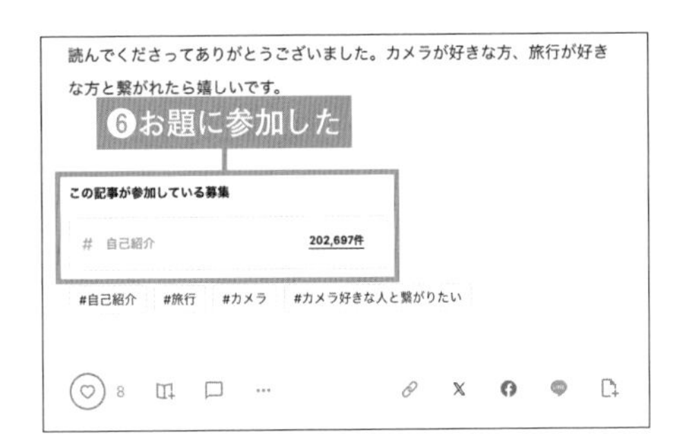

ワンポイント

コンテストへの応募時の注意

コンテストに参加する場合、主催企業のnoteをフォローする必要があるなど、コンテストごとに参加の条件があります。

また、過去に書いた記事でも応募できるかどうか、1人で複数記事を応募してよいかなどのレギュレーションもコンテストによって異なります。

noteホームの「投稿企画」タグから開催中のコンテストをチェックすると、コンテストごとのページのヘッダー部分に「応募概要」があるので、こちらで必ず応募の条件を確認しましょう。

05-07 お礼のメッセージを設定しよう

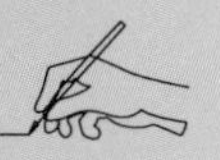

「スキ」を送ってくれたり、フォローをしてくれたりといったアクションに対して、お礼のメッセージや画像をリアクションとして表示することができます。

お礼のメッセージで設定できる内容

noteでは読者のさまざまなアクションに対してお礼のメッセージを設定することができます。

お礼のメッセージが設定できるアクションと、そのアクションへのリアクションの種類を紹介します。

アクション		お礼リアクション	
		メッセージ	画像
スキ	記事	○	○
	コメント	○	○
	メンバーシップ掲示板投稿	○	○
フォロー		○	○
マガジン追加		○	○
シェア		○	○
記事購入		○※1	_※2
マガジン購入・購読		○※1	_※2
サポート		○※1	_※2

※1 文字数は140文字以内
※2 プロフィール画像を表示

お礼のメッセージを設定する

1 「アカウント設定」をクリック

画面右上の自分のアイコンをクリックし、表示されるメニューから「アカウント設定」をクリックします（❶）。

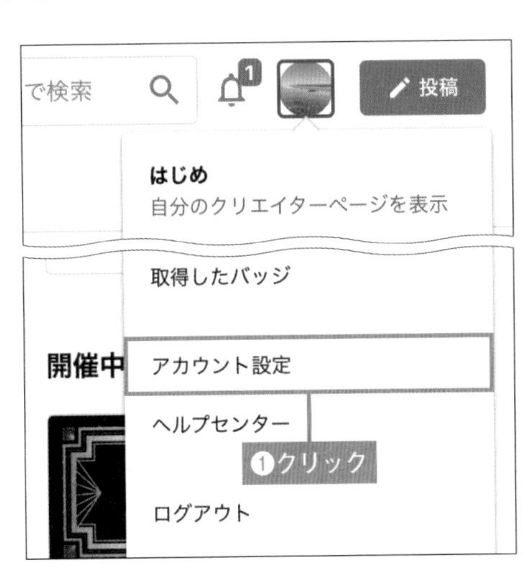

2 「リアクション」をクリック

左側に表示される「アカウント設定」メニューから「リアクション」をクリックします（❷）。

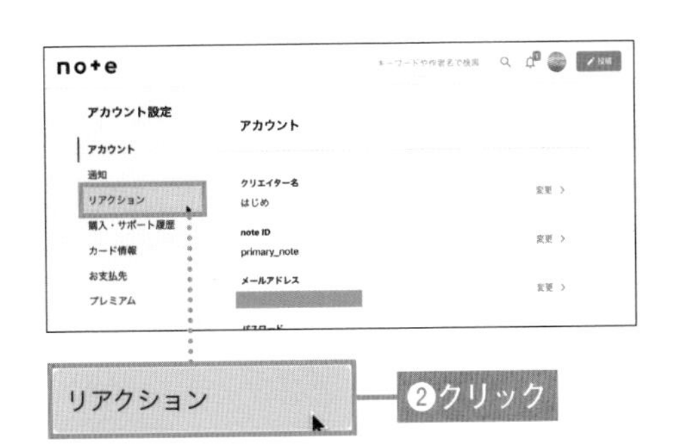

3 アクションを選択

「スキのお礼メッセージ」「フォローのお礼メッセージ」などのメニューが表示されます。リアクションを設定したいアクションを選び、「変更」をクリックします（❸）。

4 お礼のメッセージを登録

お礼のメッセージを入力します(④)。メッセージは複数登録することもでき、複数登録した場合、ランダムに表示されます。

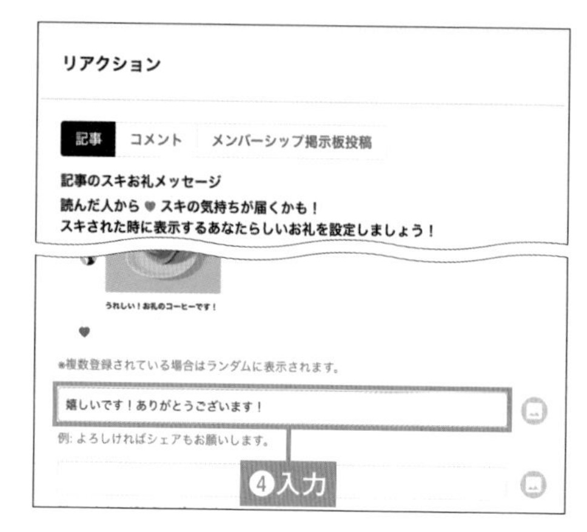

5 画像を登録

お礼のメッセージの右側の をクリックします(⑤)。

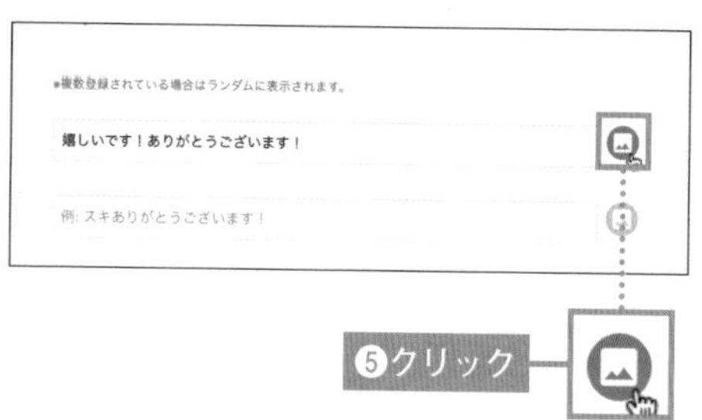

6 画像の選択・アップロード

画像選択のポップアップが表示されます。表示されている画像を選択するか、 をクリックして画像をアップローして、画像を登録します。お礼の画像には、jpg、png、gif(アニメを含む)ファイルで、容量は10MBのものまでを設定できます。画像の推奨サイズはありません。

7 メッセージを保存

入力画面下部にある「保存」をクリックします(⑥)。

これでメッセージが保存されます。

Chapter

6

マガジンを作ろう

noteの記事が溜まってきたら、マガジンを活用してみましょう。自分の記事をテーマごとに分類したり、ほかのクリエイターのお気に入り記事をブックマークのように保存したりすることができます。

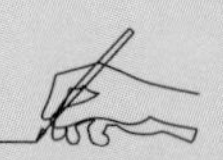

06-01 「マガジン」機能とは?

マガジンは、自分の記事、ほかのクリエイターの記事にかかわらず、note 上の記事をまとめることができる機能です。まずはこの機能でどのようなことができるのかを紹介します。

マガジンでできること

マガジンでは、次のことができます。

自分の記事もほかのクリエイターの記事でも、note の記事をまとめる

自分の記事をジャンルやテーマごとにまとめたり、連載ごとにまとめたりすることができます。同じテーマや連載を楽しみにしている読者にも記事を読みやすく提供できます。
また、自分がオススメしたいほかのクリエイターの記事をまとめて雑誌(マガジン)風にすることもできます。

マガジンごとにフォローを行う

クリエイターではなく、マガジンの単位でフォローをすることもできます。特定の連載だけをチェックしたり、そのクリエイターがマガジンに追加した記事をタイムライン上でチェックしたりすることができます。

マガジン単位での販売

自分の記事をまとめ、マガジンの単位で販売することができます。
たとえば、短編小説やレシピをまとめて1冊の書籍のように販売したり、オリジナル楽曲をまとめてアルバムのように販売したりすることもできます。

マガジンの種類

現在、4種類のマガジンを作成することができます。

種類	内容
無料マガジン	自分の記事もほかのクリエイターの記事もまとめることができます。読者も無料で閲覧することができます（マガジン内の記事が有料設定の場合を除く）。 
有料マガジン	自分で作成した記事をまとめて有料で販売することができます。買い切り型の書籍のようなイメージで考えるとわかりやすいでしょう。購入後に記事が追加された場合でも追加料金なしで購読できます。 価格は100円から自由に設定できます（無料会員は上限50,000円、プレミアム会員は上限100,000円）。 
定期購読マガジン	月額制で記事を販売することができます。限定記事や動画の公開など、ファンクラブやオンラインサロンのように使うこともできます。支払いが生じた期間の有料記事を楽しめる形式です（支払い期間以前に追加された記事は別途購入の必要があります）。 開設にはnoteプレミアムに登録する必要があります。また、開設時には運営事務局による審査があり、運営者は申請時に申請した数の記事を毎月執筆・追加する必要があります。 
共同運営マガジン	雑誌のように、複数のクリエイターが1つのマガジンに記事を寄稿できます。 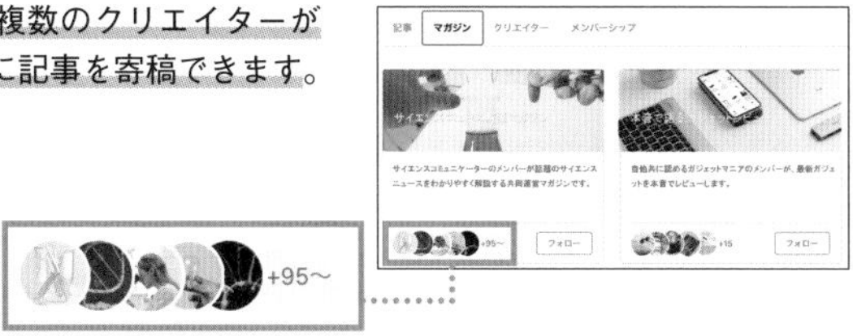

06-02 新しいマガジンを作成しよう

それではマガジンを作成してみましょう。まずは、記事をまとめるための器になる部分のタイトルや画像を設定します。

マガジンを作成する

1 「マガジン」をクリック

noteの画面右上にある自分のアイコンをクリックし、表示されるメニューから「マガジン」をクリックします(❶)。

2 「マガジンを作る」をクリック

左上に表示される緑色の「マガジンを作る」をクリックします(❷)。

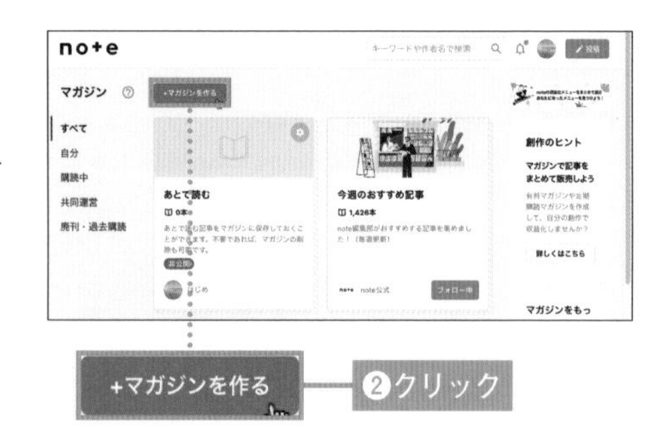

3 マガジンの種類を選択

マガジンの詳細設定の画面に移動します。最初に、マガジンの種類を「無料」「有料（単体）」「有料（定期購読）」（P.107参照）から選択します（❸）。今回は「無料マガジン」で解説します。

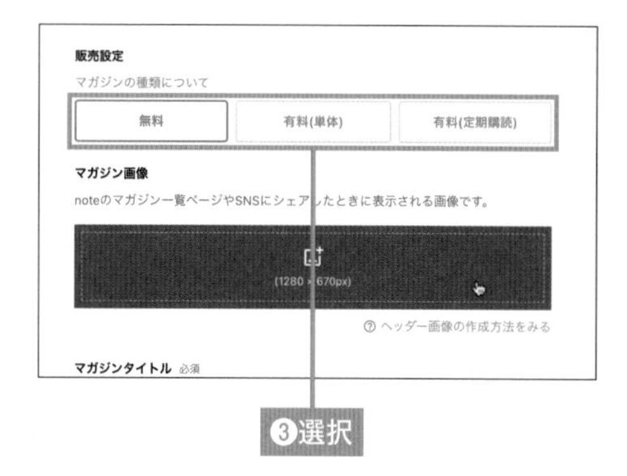

4 マガジン画像を設定

マガジン一覧ページやSNSにシェアしたときに表示される画像を設定します。「マガジン画像」という文字の下部にある四角い枠をクリックして、写真をアップロードし、サイズなどを設定します（❹）。

ワンポイント

マガジンに設定する写真のサイズ

登録する画像の推奨比率は1.91:1です。

	サイズ	内容
基本	1,280×670px	中央部分の216pxがクリエイターページ・マガジンで表示され、SNS等でシェアする際には画像全体が表示されます。
推奨	1,920×1006px	中央部分の324pxがクリエイターページ・マガジンで表示されます。

基本サイズの場合

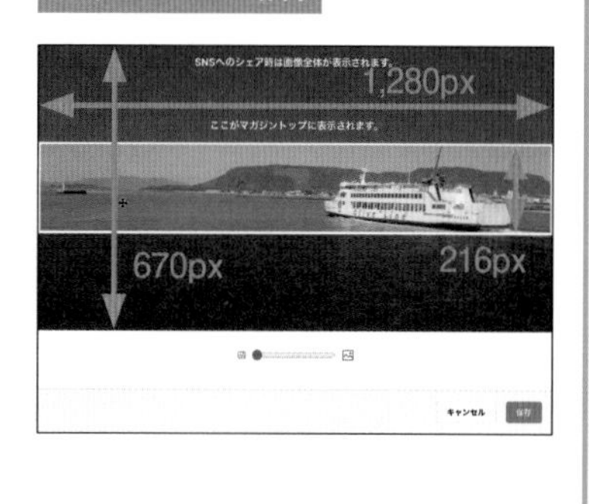

5 タイトルを設定

「マガジンタイトル」のテキストボックスにマガジンのタイトルを入力します（❺）。文字数は30文字以内です。タイトルはあとから変更することできます。

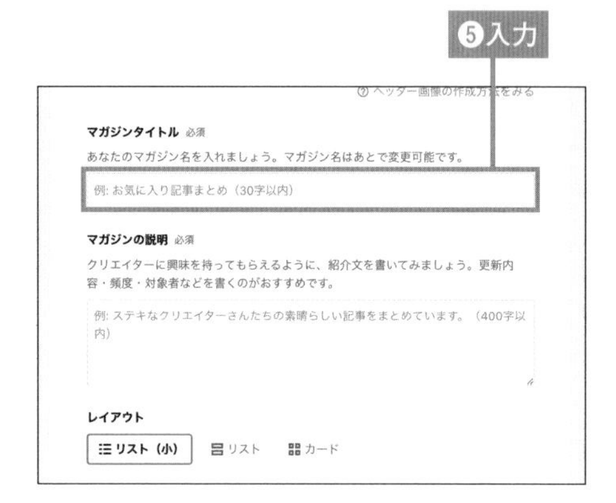

6 説明を入力

「マガジンの説明」のテキストボックスにマガジンの説明を400文字以内で入力します（❻）。

自分以外の読者からもわかりやすいように内容や更新頻度、想定読者などを書くのがオススメです。

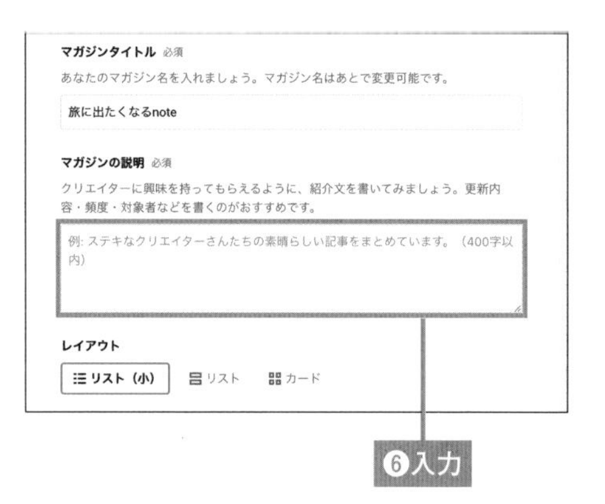

7 レイアウトを選択

マガジン内の記事のレイアウトを「リスト（小）」「リスト」「カード」から選択します（❼）。

選択できるレイアウトは05-05（P.96）の「記事」のレイアウトと同じです。

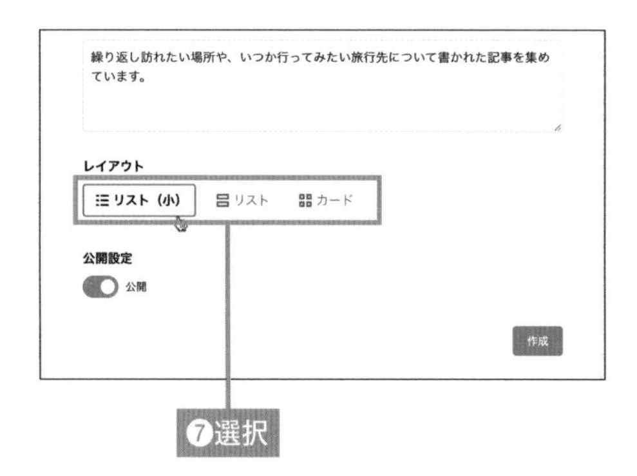

8 公開・非公開を選択

マガジンを公開したくない場合、緑色のトグルスイッチをクリックし、「非公開」を選択します（❽）。

9 「作成」をクリック

画面右下の「作成」をクリックします（❾）。

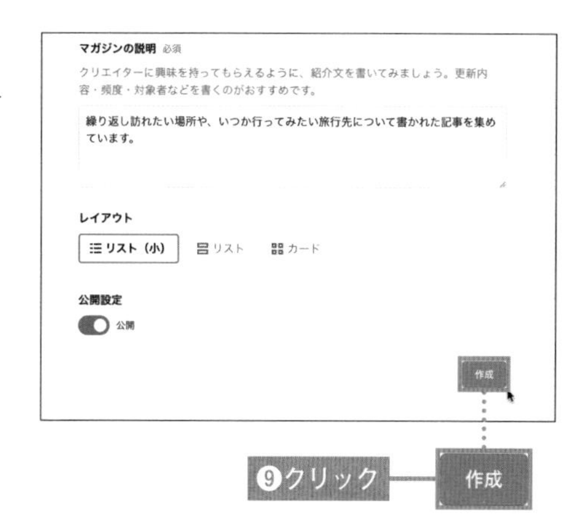

10 マガジンの完成

マガジンが作成されます（❿）。

ここで設定したマガジンタイトルや説明などは「設定」をクリックするといつでも変更することができます。

06-03 マガジンへ記事を追加・削除しよう

作成したマガジンの中に記事を追加していきましょう。マガジンには自分の記事もほかのクリエイターの記事も追加できます。

自分の記事をマガジンに追加する

1 クリエイターページを表示

noteの画面右上にある自分のアイコンをクリックし、表示されるメニューから自分のクリエイター名をクリックします(❶)。

2 「記事を保存」をクリック

自分が作成した記事が一覧表示されます。マガジンに追加したい記事を探し、「スキ」の隣にある(「記事を保存」)をクリックします(❷)。

3 「追加」をクリック

自分で作成したマガジンの一覧が表示されるので、追加したいマガジンを選択して「追加」をクリックすると（❸）、記事がそのマガジンに追加されます。追加後、「閉じる」をクリックします（❹）。

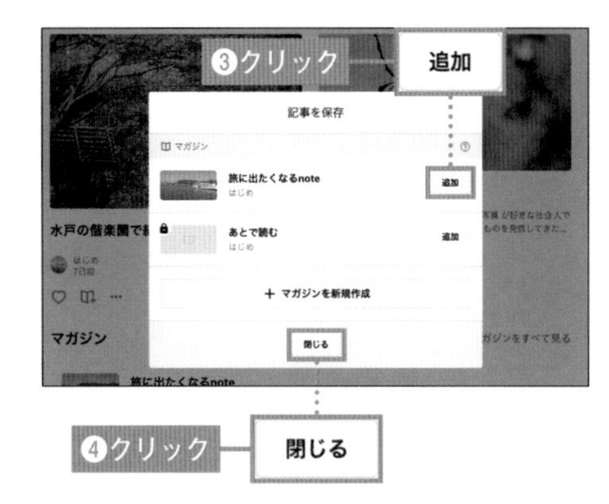

4 記事が追加される

自分のクリエイターページに戻り、「マガジン」のタブをクリックすると（❺）、指定したマガジンに記事が追加されていることが確認できます（❻）。

なお、P.111の方法でマガジンを非公開に設定した場合、「マガジン」のタブをクリックしても非公開のマガジンは表示されません。

ワンポイント

投稿のタイミングでマガジンに追加する場合

記事を投稿・公開するタイミングで自分の記事をマガジンに追加することもできます。

記事を投稿する前の「公開設定」の画面で、「記事の追加」という項目の中に自分の作成したマガジンが表示されるので、記事を追加したいマガジン横の「追加」をクリックしてから記事を公開すると、公開と同時にマガジンに格納されます。

連載をマガジンでまとめている場合など、投稿時点で設定できるので便利です。

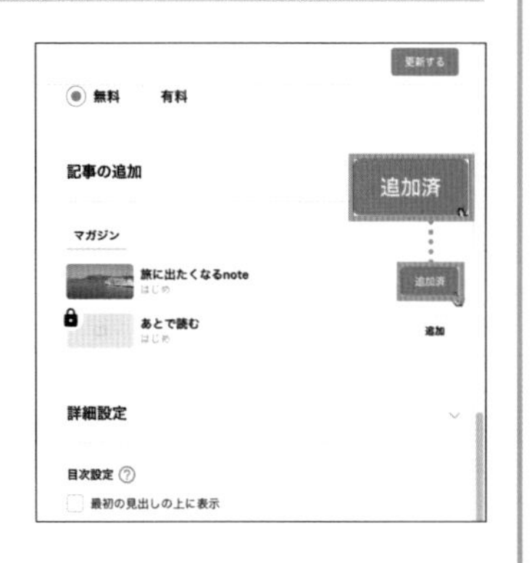

ほかのクリエイターの記事をマガジンに追加する

1 記事を開く

ほかのクリエイターの作成した記事で、マガジンに追加したい記事を開きます(❶)。

2 「記事を保存」をクリック

記事の下部にある（「記事を保存」）をクリックします(❷)。

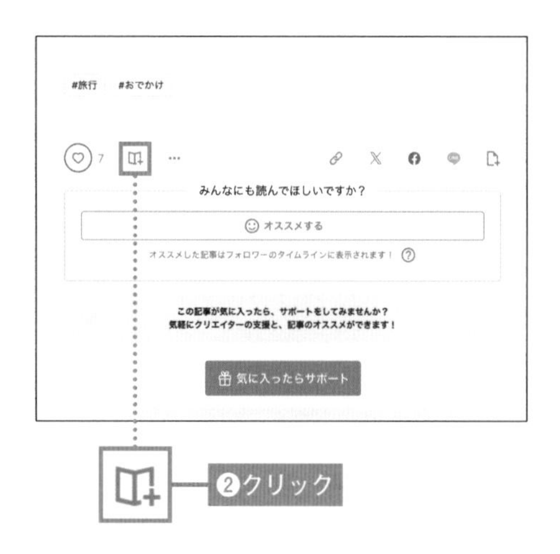

3 「追加」をクリック

自分で作成したマガジンの一覧が表示されるので、追加したいマガジンを選択して「追加」をクリックすると(❸)、記事がそのマガジンに追加されます。

マガジンを読む

1 「マガジン」をクリック

noteの画面右上にある自分のアイコンをクリックし、表示されるメニューから「マガジン」をクリックします（❶）。

2 マガジンが表示される

「自分が作成したマガジン」と「フォローしているマガジン」が表示されます（❷）。

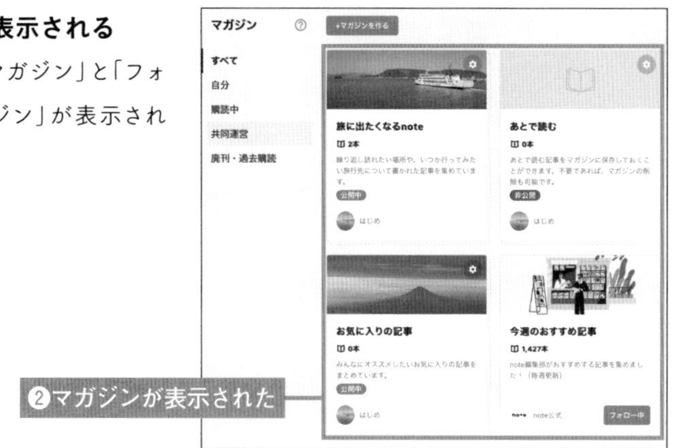

ワンポイント

クリエイターページのタブからマガジンを開く

noteの自分のクリエイターページを開き、「マガジン」のタブをクリックします。

この方法では、「自分が作成し公開されているマガジン」だけが表示されます。

06-04 マガジン内記事の並び順を変更しよう

自分の作成したマガジンは、デフォルトでは記事を追加した順に並んでいますが、任意の順番に並び替えて表示することができます。時系列や自分の好きな順番に並び替えてみましょう。

好きな順番に並び替える

1 マガジンを開く

P.112の方法でマガジンの一覧を表示し、記事の並び替えを行いたいマガジンをクリックして開きます(❶)。

2 「並び替え・削除」をクリック

マガジン内の記事の右上に表示された「並び替え・削除」をクリックします(❷)。

3 記事をドラッグ

マガジン内の記事の一覧が現在の並び順で表示されます。順番を入れ替えたい記事をドラッグし（❸）、入れ替えたい場所にドロップすることで、任意の順番に入れ替えます。

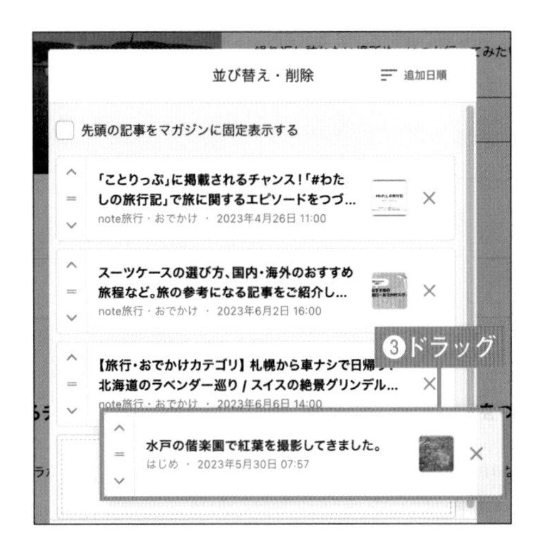

4 「保存」をクリック

右下の「保存」をクリックして保存します（❹）。

ワンポイント

記事を1段ずつ入れ替えたい場合

記事の横にある［^］［v］をクリックすることで、記事を1段ずつ入れ替えることができます。

［^］をクリックすると1記事分上方向に、［v］をクリックすると1記事分下方向に記事が移動します。

マガジンを追加した日順に並び替える

1 マガジンを開く

P.112の方法でマガジンの一覧を表示し、並び替えを行いたいマガジンをクリックして開きます（❶）。

2 「並び替え・削除」をクリック

マガジン内の記事の右上に表示された「並び替え・削除」をクリックします（❷）。

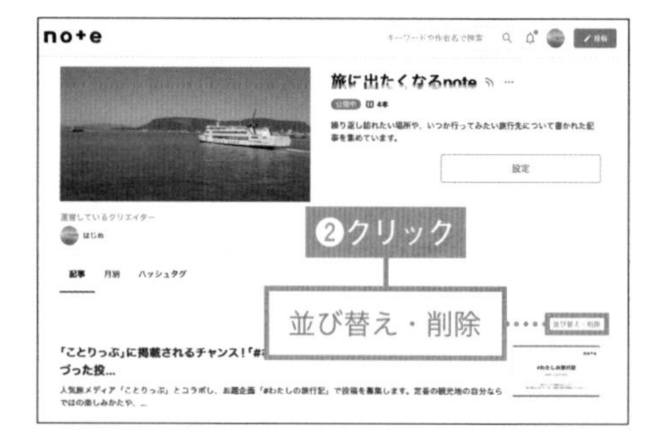

3 並び順を選択

マガジン内の記事の一覧が現在の並び順で表示されます。右上にある「追加日順」をクリックします（❸）。クリックするたびに「日付昇順」と「日付降順」が入れ替わります。

項目	内容
追加日順（デフォルト）	マガジンに追加した順に記事が並びます。
日付昇順	マガジンに追加した記事の「公開日」が古いものから順に並びます。
日付降順	マガジンに追加した記事の公開日が新しいものから順に並びます。

4 「保存」をクリック

右下の「保存」をクリックして保存します(❹)。

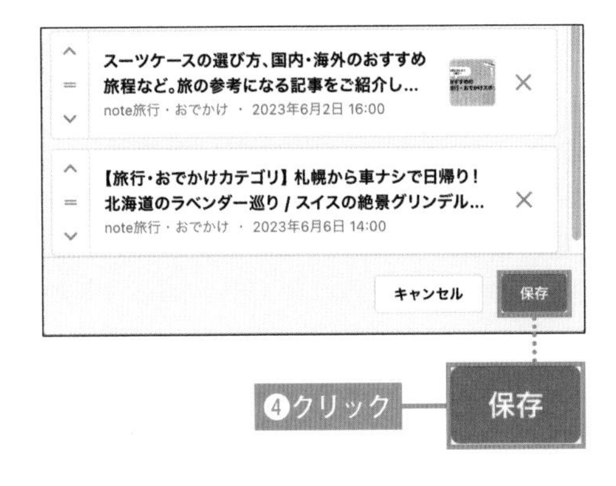

ワンポイント

記事を固定表示したい場合

記事の並び替え画面で「先頭の記事をマガジンに固定表示する」をクリックしてチェックを入れると、昇順・降順表示にかかわらず、常に同じ記事をマガジンの最上段に表示することができます。

たとえばそのマガジンの説明やマガジンの目次として作成した記事、マガジンの中で一番読んで欲しい記事などを固定表示すると、読む人に対してもわかりやすく親切ですね。

06-05 マガジンを削除しよう

マガジンは削除することが可能です。一度削除したマガジンは復元できないので注意してください。ただし、マガジンを削除しても、マガジンに含まれていた記事は削除されません。

マガジンを削除する

1 「マガジン」をクリック

noteの画面右上にある自分のアイコンをクリックし、表示されるメニューから「マガジン」をクリックします（❶）。

2 基本情報を開く

削除するマガジンの右上にある⚙をクリックします（❷）。

3 「マガジン削除」をクリック

マガジンの基本情報の最下部にある「マガジン削除」をクリックします(③)。

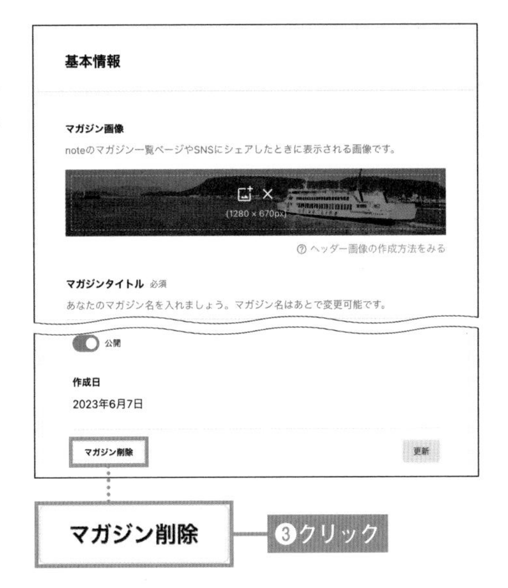

4 マガジンを削除

「マガジンを削除します。よろしいですか？」とメッセージが表示されるので、「削除する」をクリックすると(④)、マガジンが削除されます。

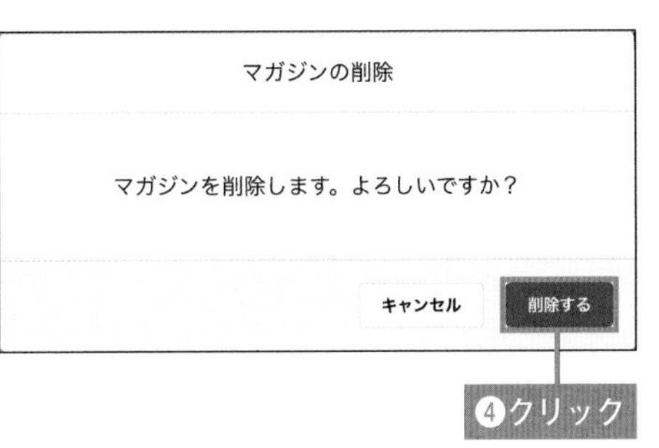

ワンポイント

マガジンから記事を削除したい場合

マガジンから一部の記事だけを削除したい場合、P.118の手順1～2でマガジン内記事の「並び替え・削除」を表示し、削除したい記事の右側にある「×」のマークをクリックし、保存します。

この方法で削除した場合、マガジン内に該当の記事は表示されなくなりますが、記事そのものは削除されません。

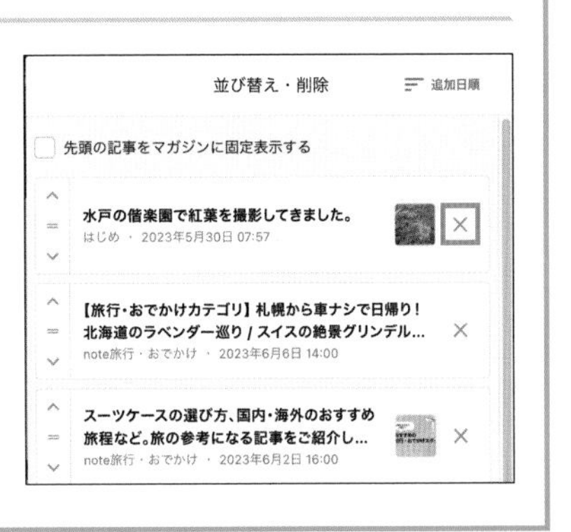

6 マガジンを作ろう

06-06 マガジンをフォローしよう

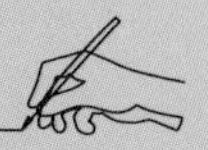

クリエイターではなく、マガジンの単位でフォローをすることもできます。特定の連載だけをチェックしたり、マガジンに追加された記事をタイムライン上でチェックしたりすることができます。

マガジンをフォローする

1 「マガジン」タブをクリック

クリエイターページやタブ、検索結果画面にて、「マガジン」タブをクリックし（❶）、マガジンの一覧を表示します。フォローしたいマガジンを見つけましょう。
ここでは、検索結果の画面を例に説明します。

2 「フォロー」をクリック

フォローしたいマガジンの「フォロー」をクリックすると（❷）、緑色の「フォロー中」に変化します。これでマガジンをフォローできました。

Chapter

7

noteをビジネスにつなげよう

この本を手に取られた方の中には、noteを活用して自身の特技をビジネスにつなげたいという方や、会社でnoteを使った情報発信の担当者として抜擢されたという方もいらっしゃるかもしれません。本章ではnoteをビジネスに活用するためのイメージを紹介し、活用 の下準備を行います。

07-01 noteをビジネスにつなげる方法は?

noteをビジネスにつなげるのにはどのような方法があるのでしょうか？　まずはnoteをビジネスにつなげる方法について紹介します。

noteを使って収益を得る方法は？

「ビジネスにつなげる」といっても、直接収益を得る方法から、広告として間接的に使う方法まで考えられます。こうした収益化につながる方法を大きく3つに分類し、活用できるnoteの機能と併せて紹介します。

(A) note内のコンテンツを有料販売する（→ Chapter 8、Chapter 9）

noteの大きな特徴として、自作のコンテンツを販売できる点があります。こうしたコンテンツを読者に販売することで、クリエイターは直接収入を得ることができます。コンテンツ販売によって収益化できるメニューとしては、次のものがあります。

- **有料記事**

記事を単体で販売できます。

- **有料マガジン**

複数の記事をまとめ、本のようなイメージで販売できます。

- **定期購読マガジン**

月単位のサブスク方式で記事を販売できます。

- **メンバーシップ**

月単位のサブスク方式で記事を販売できるのに加え、コミュニティを作成し、メンバーとの交流を図ることもできます。

レシピやノウハウをまとめた「有料マガジン」

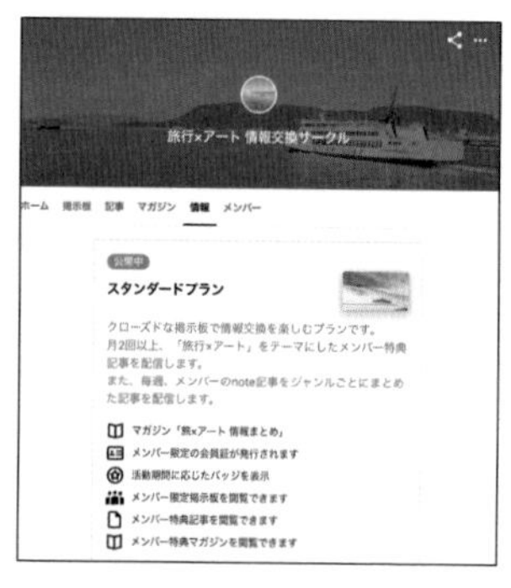

さまざまな特典を設定し、サブスク方式で運営できる「メンバーシップ」

（B）noteを通じて仕事の依頼を募る（→Chapter 10）

小説やエッセイなどの文章、漫画、イラスト、写真、デザイン、音楽など、自分の作品をnote上で発信し、ポートフォリオのように活用することで、noteを通じて仕事の依頼を募ることができます。
noteでは、好きな記事を仕事依頼記事として設定することができます。仕事を募集していることを表明することで、クライアントも仕事を依頼しやすくなるでしょう。
noteでは、webサイト上に直接連絡先を公表しなくてもクライアントからの連絡を受けられるクリエイターへのお問い合わせという機能もあり、web上に連絡先を公開したくない方も安心です。

（C）noteを通じて自社の製品やサービスの販売につなげる（→Chapter 11）

noteには物販の機能はありませんが、外部のECサイトと連携する機能があります。

- **ストア**

STORESやminne、BASEなどのプラットフォームと連携し、ECサイトで販売している商品を、自分のnote上で一覧表示することができます。

- **note for shopping**

noteの記事中に、ECサイトで販売している商品をカードとして埋め込むことができます。

また、noteを使って企業の広報を行う場合などに、noteを自社のオウンドメディアとして活用したり、noteのカスタマーサクセスチームによる運用サポートも受けたりすることができるnote proというサービスも提供されています。

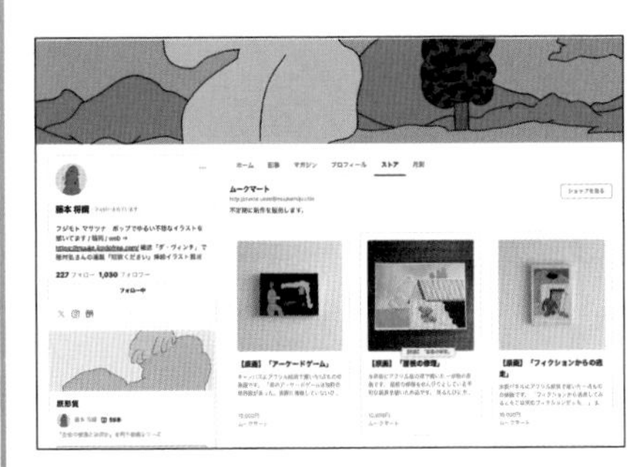

「ストア」の例（「ストア」で作品の販売ページをリンクさせているアーティスト・藤本将綱さん）

「note for shopping」の表示例

07-02 クリエイターのジャンル別に収益化を考えよう

前節で解説した3つの収益化の方法で、クリエイターのジャンル別に見た場合、どの方法が向いているのを解説します。

自分に合った収益化の方法を考えてみよう

07-01で解説した通り、noteには複数の収益化方法（A、B、C）があり、それぞれの場合で活用できるさまざまな機能が用意されています。この機能を組み合わせることで、自分に合った収益化の方法を考えてみましょう。例として4つのクリエイターのジャンルを挙げ、収益化方法する方法について考えてみます。

副業としてnoteを生かしたいビジネスパーソンの場合

● (A) note内のコンテンツを有料販売する

これまでの仕事の経験やノウハウを生かした記事を作成し、有料記事や有料マガジンとしてビジネス書のように販売してみるのはどうでしょうか？メンバーシップをオンラインサロンのように活用するのもよいでしょう。

● (B) noteを通じて仕事の依頼を募る

「仕事依頼」記事を設定することで、講演会やコンサルティングの依頼などを受けることができるかもしれません。

日本一 Notion が学べるオンラインコミュニティとして運営されているYuji Tsuburayaさんによるメンバーシップ「Notion大学」

新しい仕事を獲得したいクリエイターの場合（ライター、イラストレーター、フォトグラファー、漫画家etc）

● (A) note内のコンテンツを有料販売する

有料記事や有料マガジンを使い、オンライン上の同人誌のように、文章やイラスト、写真などを直接ファンに販売してみましょう。

「●●の描き方」「●●の撮影方法」のような、作品制作にまつわるハウツー記事も喜ばれるかもしれません。

- **(B) noteを通じて仕事の依頼を募る**

仕事依頼記事を設定し、noteで依頼先を探しているクライアントにアピールして新しい仕事を得ましょう。

商品を販売したいモノづくり系クリエイターの場合

- **(C) noteを通じて自社の製品やサービスの販売につなげる**

自身のnoteの中に「ストア」タブを表示すれば、商品を一覧表示することができます。
また、note for shoppingを使って、商品へのこだわりを綴った記事からお客さんを直接ECサイトに誘導するのもよいでしょう。

建築やデザインの記事を発信しながら、手掛ける木工のプロダクトをストアで紹介している倉嶋洋介さん

- **(A) note内のコンテンツを有料販売する**

メンバーシップを活用し、制作の裏話やハウツーなどを発信してみるのはどうでしょうか？　作品のファンとのつながりを強めることができるのと同時に、新たな収入源を作ることができるかもしれません。

飲食店や小売店舗の経営者の場合

- **(C) noteを通じて自社の製品やサービスの販売につなげる**

リアルな店舗をメインとする飲食店や小売店舗の場合も、ECサイトで扱っている商品があれば、note for shoppingで販売につなげられるかもしれません。

- **(A) note内のコンテンツを有料販売する**

メンバーシップを活用し、メンバー限定の商品情報やイベントを告知したりするのに活用するのはどうでしょうか。お店のファンも増えるかもしれません。

商品の背景やレシピ、携わる人たちの話などを丁寧に伝える「ぬま田海苔」の沼田晶一朗さん

noteにはさまざまな機能が用意されていますが、自分の収益化のイメージに合わせ、複数の機能を組み合わせて運用していくとよいでしょう。

07-03 クリエイターページを確認しよう

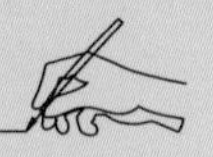

クリエイターページは、あなたの作成したコンテンツを一覧することができます。あなたに興味を持ったクライアントやお客さんが目にするこのページがどのように見えるのか、まずはこのページに表示されるものを確認しましょう。

トップページの構成

PCでクリエイターページを表示した場合、次のように表示されます。

図の位置	項目	内容
1	見出し画像	02-06（P.32参照）で設定したヘッダー画像が表示されます。
2	プロフィール	02-03（P.27参照）で設定したプロフィールの自己紹介文と、02-04（P.28参照）で設定したプロフィールアイコンが表示されます。
3	表示切り替えタブ	次ページで詳しく説明します。
4	固定記事	「ホーム」タブの最上段には、指定した記事を固定表示することができます（P.132参照）。

表示されるタブの種類

表示切り替えタブ❸に設定されているタブを紹介します。

タブ名	内容
ホーム	自分の記事、マガジン、メンバーシップなどが数点ずつピックアップされて表示されます。
記事	自分の作成した記事が表示されます。
メンバーシップ（任意）	運営中のメンバーシップに関するコンテンツが表示されます。
マガジン（任意）	自分の作成したマガジンが表示されます。
スキ（任意）	自分が「スキ」を付けた記事が表示されます。
プロフィール（任意）	クリックすると、自分が「プロフィール」記事として登録した記事が表示されます。
仕事依頼（任意）	クリックすると、自分が「仕事依頼」記事として登録した記事が表示されます。
月別	過去に書いた記事が月別に本数で表示されます。各月をクリックすると、その月に書いた記事の一覧を確認することができます。
ストア（任意）	iichi・STORES・BASE・minne・MUUU・EC-CUBE・カラーミーショップで、自身が販売している商品をクリエイターページに表示することができます。

このうち、「（任意）」と記載してある項目は「設定」画面から、任意で表示/非表示を切り替えることができます。

こうしたタブの項目の中で、noteをビジネスにつなげたい人全員が設定した方がよいものとして、「プロフィール」記事、「固定記事」の設定方法を紹介します。

07-04 「プロフィール」記事を設定しよう

プロフィールのタブには、任意の記事へのリンクを1つだけ設定することができます。読者に自分自身や自身の活動について深く理解してもらえるよう、あなたの情報や、活動内容を紹介する記事を作成し、プロフィールの記事として設定しましょう。

プロフィールの記事を設定しよう

1 記事を開く

プロフィールに設定したい記事を開きます(❶)。

2 「プロフィールとして表示」をクリック

タイトル下の「…」をクリックし(❷)、表示されるメニューから「プロフィールとして表示」をクリックします(❸)。

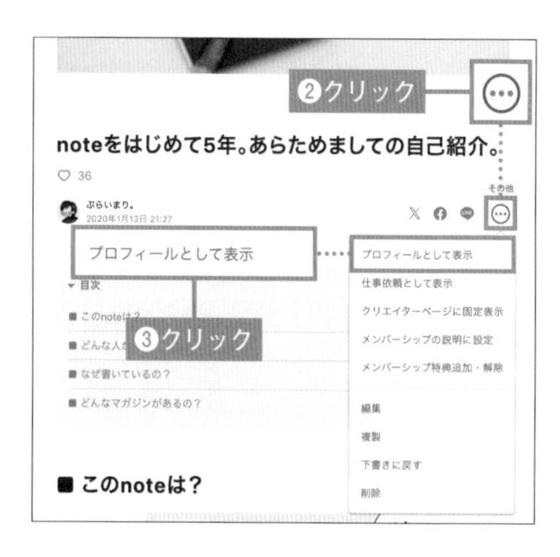

3 「OK」をクリック

「この記事をプロフィールとしてメニューに表示します。よろしいですか？」というポップアップが表示されるので「OK」をクリックします（❹）。

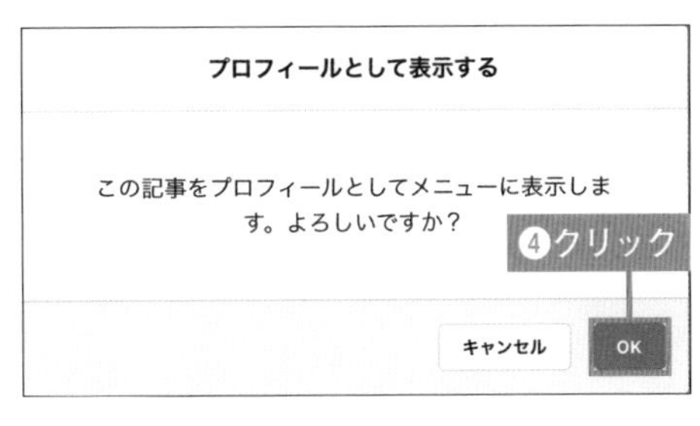

4 「閉じる」をクリック

「プロフィールに表示しました」と表示され、設定が完了します。ポップアップを「閉じる」をクリックして閉じてください（❺）。

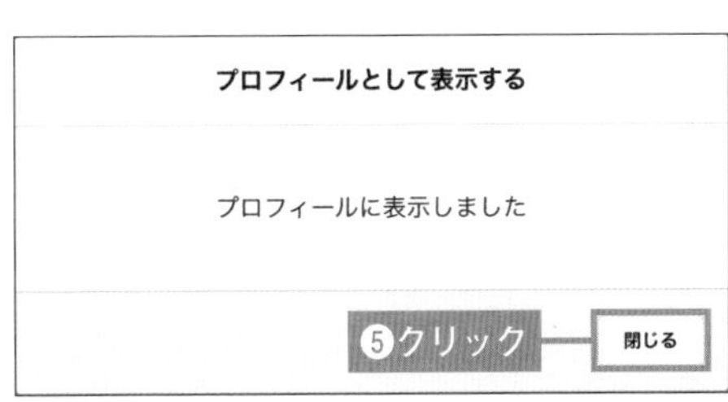

5 「プロフィール」記事を確認

クリエイターページの「プロフィール」をクリックします（❻）。

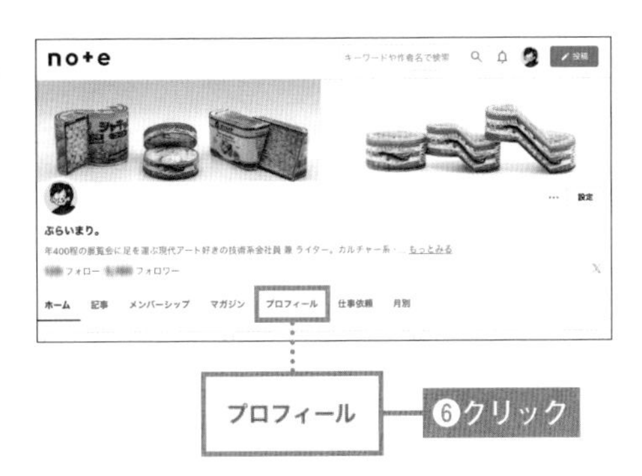

6 記事が開く

設定した記事が開きます（❼）。

07-05 固定表示の記事を設定しよう

プロフィールや仕事依頼とは別に、記事の中でも特に多くの人に見てもらいたい記事は、固定表示にしましょう。ホームの記事の最上位に固定され、あなたのページを訪れた人の目に留まりやすくなります。

記事を固定表示にしよう

1 記事を開く

固定表示に設定したい記事を開きます(❶)。

2 「クリエイターページに固定表示」をクリック

タイトル下の「…」をクリックし(❷)、表示されるメニューから「クリエイターページに固定表示」をクリックします(❸)。

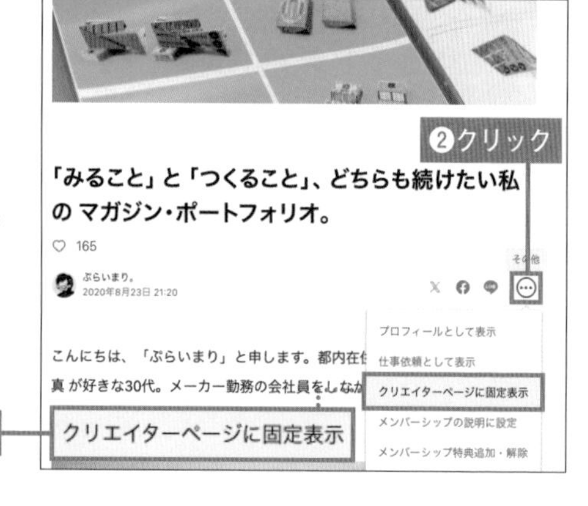

3 「OK」をクリック

「この記事を固定します。よろしいですか？」というポップアップが表示されるので「OK」をクリックします（❹）。

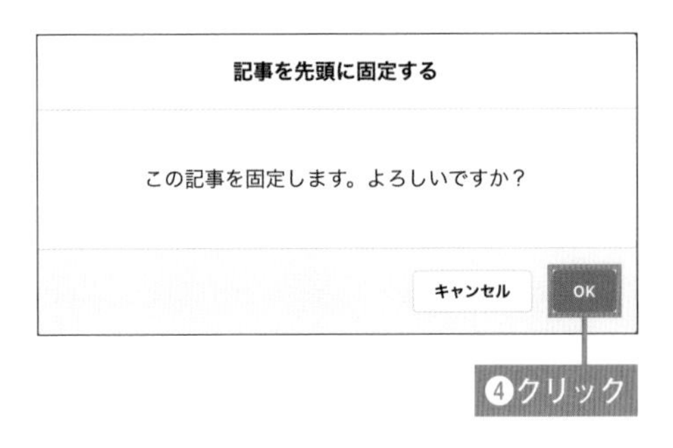

4 「閉じる」をクリック

「記事を固定しました」と表示され、設定が完了します。「閉じる」をクリックして（❺）、ポップアップを閉じてください。

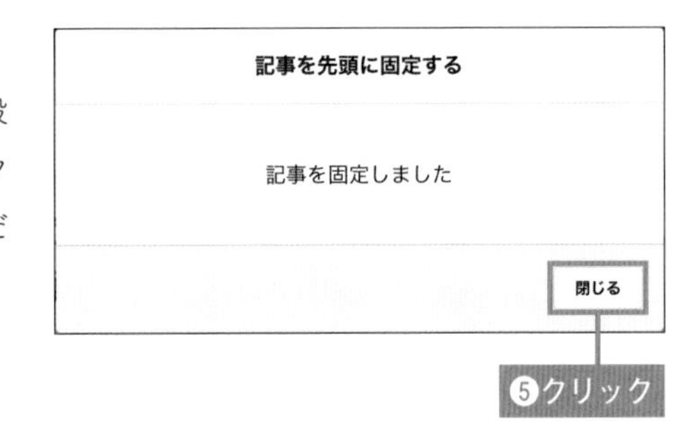

5 固定表示の記事を確認

クリエイターページの「ホーム」タブ、「記事」タブの最上段に、指定した記事が固定表示されます❻。

Column

固定表示に適した記事

自己紹介とは別に設定できる固定表示には、どんな記事が向いているのか悩むかもしれません。

自己紹介の記事は、読者に自分自身の経歴や専門性を紹介することで信頼性を高める役割を持っています。一方、固定表示の記事は、あなたに興味を持った読者の関心をさらに引き付け、また、重要な情報を効果的に伝える役割を持ちます。

たとえば、次の表のような記事を固定表示にしてみるのはどうでしょうか？

記事	内容
自身の代表的な作品や人気記事	小説や漫画など、特定のジャンルの作品を制作されている方は、自分の代表作や人気の記事を固定表示するとよいでしょう。人気記事をまとめたnoteを作成し、それを固定表示するのもよいかもしれません。
自分のnoteのリンク集や目次	逆に、複数のジャンルの作品を制作されている場合（たとえば、小説をメインに、ノウハウ記事や、エッセイも書く場合など）、その全体像がわかる記事を作成するのもよいでしょう。何が軸になり、どのように展開しているのかを伝えることで、複数ジャンルの記事が混在していても読者が安心して読みやすくなるメリットもあります。
宣伝・告知	「書籍を出版しました」「●●に掲載されました」といった告知記事を固定するのもよいでしょう。宣伝になるのはもちろん、実績は、読者にも安心感を与えます。
理念や大切にしていることの紹介	noteで表現したいことや、大切にしていること、企業の場合はその理念などを、「自己紹介」記事より掘り下げて書くのもよいかもしれません。
キャンペーン情報	企業などの場合、その時に実施しているキャンペーンを固定し、多くの読者の目に留まるようにするのもよいでしょう。定期的に固定のコンテンツが入れ替わるので、読者に新しい情報を提供できるメリットもあります。

Chapter

8

noteを販売しよう

自作のコンテンツを、記事やマガジンの形式で販売することができます。本章では、有料記事や有料マガジン、定期購読マガジンの作り方と販売方法、売上の受け取り方について紹介します。

08-01 noteで販売できる記事・マガジンについて理解しよう

noteでは自作のコンテンツで読者から直接課金を受けることができます。まずは、どのような課金システムがあるのか、販売方法の違いを理解しましょう。

noteで有料販売できるコンテンツ

07-01（P.124）で紹介した通り、noteで課金ができるメニューには、有料記事や有料マガジン、定期購読マガジン、メンバーシップがあります。この章では、有料記事と有料マガジン、定期購読マガジンについて解説します。

有料記事

noteの記事を単体で販売できます。
記事全体を有料にすることもできますし、冒頭を「試し読み」として一部を無料で公開することもできます。
形式としては、つぶやき以外の、テキストや、画像、音声、動画の記事はどれも販売が可能です。

続きをみるには
残り 798字 / 7画像
¥300
購入手続きへ

絵画から出てきたような…フンデルトヴァッサーの建築に会いに行く。 ー フンデルトヴァッサー・ハウス & クンスト・ハウス。

チャンスというのは、思いがけず訪れるもので。

続きをみるには
残り 798字 / 7画像
¥300
購入手続きへ

有料記事の例。任意の位置までを「試し読み」ゾーンに設定できます。

有料マガジン

複数の記事をまとめ、「書籍」や「雑誌」のようなイメージでコンテンツを販売できます。
こちらには、つぶやきを含むすべての記事を追加することが可能です。

なお、無料記事を有料マガジン内に入れると、有料マガジンを購入した人だけが読めるようになります。一方、有料記事を有料マガジンに入れた場合は、マガジンを購入した人が読むことも、マガジンを購入していない読者が記事ごとに単独で購入して読むことも可能になります。

有料マガジンの例。有料記事も無料記事もまとめて販売できます。

定期購読マガジン

月単位のサブスクリプション方式で記事を販売できます。
読者は、購読期間中にマガジンに追加された、無料記事と有料記事をすべて読むことができます。

このマガジンを運営するのには、noteプレミアムへの登録が必要です（P.252参照）。また、運営事務局による審査もあり、クリエイターは、申請時に申請した回数、毎月記事を執筆・追加する必要があります。

作家・ジャーナリストの佐々木俊尚さんによる定期購読マガジンの例。記事を月額制で販売できます。

1人のクリエイターのnoteの中で、複数の販売方法を組み合わせることも可能です。販売方法ごとの制約も理解した上で、自分に合った販売方法がどのようなものか考えてみましょう。

noteでコンテンツを販売するフロー

続けて、noteでコンテンツの販売を行う流れを確認しましょう。この章では、このフローに従って各手順について説明していきます。

①銀行口座を設定する（08-02 → P.140）

まず、収益を受け取るための銀行口座をnoteに設定します。
口座情報はいつでも変更することができます。

②有料コンテンツを作成し、公開する（08-04 ～ 08-06 → P.144 ～ P.153）

次に、販売するためのコンテンツを作成します。有料記事、有料マガジン、定期購読マガジンからあなたに合ったコンテンツを選びましょう。
コンテンツ作成後、販売価格を設定し、公開設定を行います。
価格設定は自由に行えます。販売した価格から各種手数料が差し引かれるので、それも意識した上で価格を設定しましょう。なお、手数料については08-03（P.142）で解説します。

③支払いの申請をする（08-08 → P.156）

コンテンツが購入されるとあなたのnoteアカウントに記録されます。売上が1,000円を超えると振込申請ができるようになるので、支払いの申請を行います。

④売上が振り込まれる（08-08 → P.156）

支払い日は、毎月2日～20日に申請した場合、その月の月末（最終営業日）に、21日以降に申請した場合は、翌月の月末に振り込まれます。

noteが購入された際、購入者が次回も気持ちよく購入できるよう、ぜひお礼のメッセージも送りましょう（08-09→P.158）。

また、一部のコンテンツでは読者が内容に納得しなかった場合、返金を求められることもあるので、その基準と対応についても理解しておきましょう（08-10→P.160）。

Column

有料マガジンと定期購読マガジンの違い

単に課金方式が異なるだけでなく、クリエイター側への制約なども異なります。自分に合ったマガジンを選びましょう。

	有料マガジン	定期購読マガジン
課金方式	買い切り	月額制
購入した読者が読める記事	・マガジン内のすべての記事 ・マガジンから除外された記事は読めなくなる	・課金期間にマガジンに追加された記事（※一部例外あり） ・マガジンから除外された記事も課金中は読める
マガジン作成の資格	特になし	・noteプレミアムへの加入 ・運営事務局による審査あり
追加する記事数の制約	特になし	申請時に申請した回数分、毎月記事を執筆／追加する必要あり
プラットフォーム利用料※	10%	20%

※プラットフォーム利用料については、08-03（P.142）で詳しく解説します。

定期購読マガジンの読者が読める記事の範囲は次の通りです。

	購読以前に追加された記事	購読中に追加された記事	解約後に追加された記事
無料記事	購読中は読める	読める	読めない
有料記事	有料記事を購入すれば読める	読める	有料記事を購入すれば読める

08-02 売上金を受け取る口座を設定しよう

売上金は申請を行うと銀行口座に振り込まれます。売上を受け取るための口座を設定しましょう。

銀行口座を登録する

1 「アカウント設定」をクリック

プロフィールアイコンをクリックし(❶)、表示されるメニューから「アカウント設定」をクリックします(❷)。

2 「お支払先」をクリック

左側に表示されるメニューから「お支払先」をクリックします(❸)。

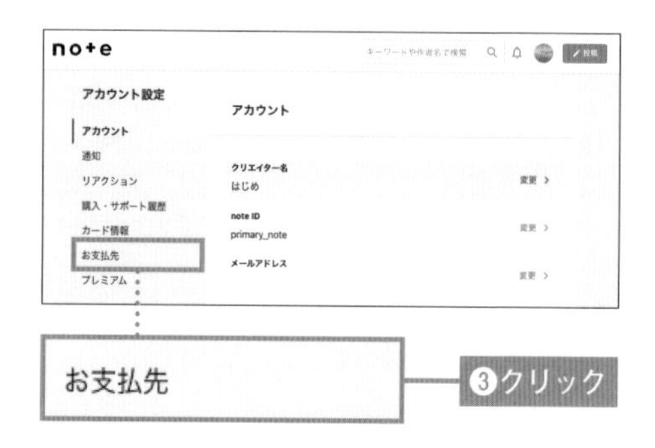

3 個人情報を入力

フォームに従い、氏名や住所などの情報を入力します（❹）。

4 口座情報を入力

銀行名と支店名は文字を入力すると（❺）、候補が表示されるので、候補リストから選択します（❻）。
続けて口座情報や支店名も入力しましょう。

5 「保存」をクリック

すべて入力したら「保存」をクリックします（❼）。

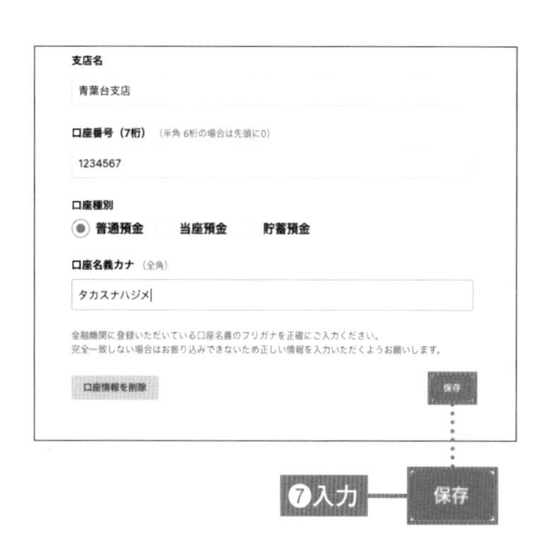

08-03 noteを販売する際の手数料について理解しよう

noteでコンテンツを販売する際には、設定した金額から手数料が差し引かれます。適切な価格を設定するために、コンテンツを販売する際にかかる手数料について理解しましょう。

手数料の種類

noteの販売にかかる手数料には、次の表に挙げた3つがあります。

種類	内容	料金例※
事務手数料	読者がコンテンツを購入した際の決済手段によって異なる手数料がかかります。 ・クレジットカード決済　売上金額の5% ・携帯キャリア決済　売上金額の15% ・PayPay決済　売上金額の7%	2,000円(売上)×15%(料率)＝300円
プラットフォーム利用料	noteの利用料として、売上金額から「事務手数料」を引いた金額に、以下の料率を乗じた額が差し引かれます。 ・有料記事、有料マガジン、サポート、メンバーシップ　10% ・定期購読マガジン　20%	(2,000円(売上)－300円(事務手数料))×10%(料率)＝170円
振込手数料	金融機関によらず、売上金の振込時に一律で発生します。なお、振込はクリエイターが「振込申請」(P.156参照)を行ったタイミングで実施されます。	270円 (振込1回につき)

※2,000円で販売した有料マガジンが、携帯キャリア決済で1回購入され、振り込み申請を行った場合(小数点以下切り捨て)

2,000円の有料マガジンを販売した場合、事務手数料に300円、プラットフォーム利用料に170円、振込手数料に270円がそれぞれかかり、「2000円－300円－170円－270円」で1,260円振り込まれることになります。

Column

売上金の預かり期限について

振込のタイミングで手数料がかかるので、振込はできるだけまとめて行いたいですよね。また、売上が1,000円以下では振込申請を行えず、1,000円以下の記事やマガジンを販売している場合、複数の記事やマガジンが購入されるまで待つこともあると思います。

ただし、noteでは、売上が発生した日から180日間の預かり期限が設定されています。預かり期限をすぎた売上の扱いについては、口座の登録有無と、売上金額の総額で扱いが変わります。

売上総額	口座登録	内容
1,000円以上	登録済み	翌月末までに、各種手数料を差し引いた売上金が登録口座に自動的に振り込まれます。
1,000円以上	登録していない	Amazonギフトカードで支払われます。この場合、振込手数料はかかりませんが、事務手数料とプラットフォーム利用料は引かれます。
1,000円以下	関係なく	Amazonギフトカードで支払われます。振込手数料はかかりませんが、事務手数料とプラットフォーム利用料は引かれます。

なお、Amazonギフトカードで支払われた場合、「ダッシュボード」→「振込管理」をクリックして、振込管理の画面で「状況：Amazonギフト券 コード発行済」の隣にある「コードを見る」をクリックするとコードを確認することができます。

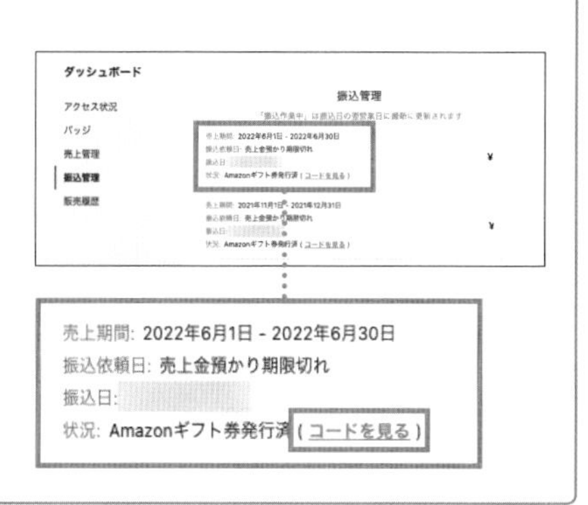

08-04 有料記事を販売しよう

まずは記事を単体で販売する「有料記事」を作って販売してみましょう。

有料記事として販売する

ここではテキストの記事を例に、有料記事として公開する方法を紹介します。画像や音声などの記事も同様に有料記事にすることができます。

1 「公開設定」をクリック

記事を書き終えたら、「公開設定」をクリックし(❶)、公開設定画面を開きます。

2 「有料」を選択

「販売設定」の項目で、「有料」をクリックします(❷)。

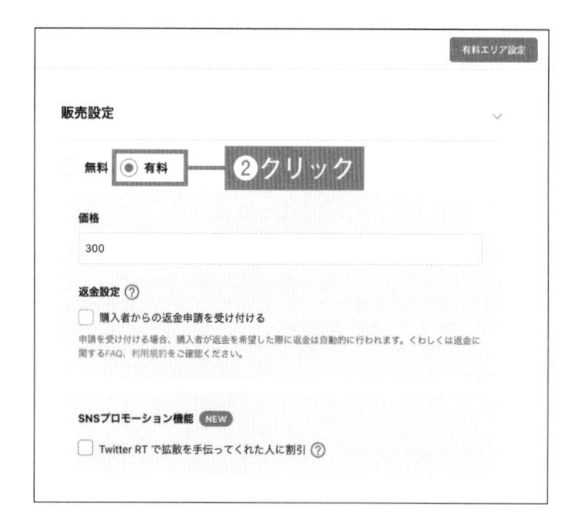

3 販売価格を設定

「価格」の欄に、希望する販売価格を入力します(❸)。

通常会員は100円～50,000円の間で、プレミアム会員やnote pro会員は上限100,000円で設定できます。

返金申請(P.162参照)を受け付けない場合、価格欄の下にある「購入者からの返金申請を受け付ける」のチェックを外してください。

入力が完了したら、右上の「有料エリア設定」をクリックします(❹)。

4 有料エリアを設定

有料記事中に、前半を試し読みとして無料のエリアに設定することができます。

段落ごとに「ラインをこの場所に変更」という枠が表示されるので、有料エリアラインを設定したい場所のラインをクリックします(❺)。すると、「このラインより先を有料にする」と書かれた黒いラインが表示されます。

5 「投稿する」をクリック

右上の「投稿する」をクリックすると(❻)、有料記事が公開されます。

08-05 有料マガジンを販売しよう

複数の記事をまとめて、「有料マガジン」として販売ができます。連載記事を完結までまとめて販売したり、近いテーマで書いた記事をまとめて販売したり、書籍を出版するようなイメージで作ってみましょう。

有料マガジンを作る

1 「マガジン」をクリック

自分のプロフィールアイコンをクリックし(❶)、表示されるメニューから「マガジン」をクリックします(❷)。

2 「マガジンを作る」をクリック

「マガジンを作る」をクリックします(❸)。

3 「有料（単体）」をクリック

「販売設定」で「無料」「有料(単体)」「有料(定期購読)」から、「有料(単体)」をクリックします(❹)。

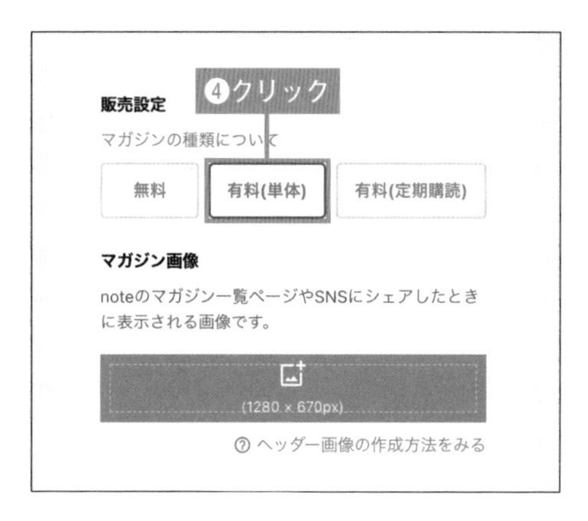

4 販売価格を設定

「画像」や「マガジンの説明」などの欄の下にある、「販売価格」の欄に、マガジンの販売価格を入力します(❺)。通常会員は100円〜50,000円の間で、プレミアム会員やnote pro会員は上限100,000円で設定することができます。

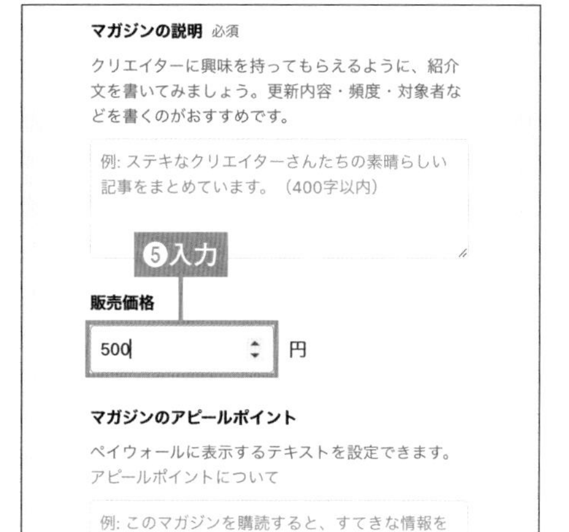

5 マガジンの情報を入力

マガジン画像や、タイトルなど、マガジンに関する情報を設定・入力します(❻)。

有料マガジンでは、「マガジンのアピールポイント」の記入欄もあります。記事単体で購入するよりもお得な場合など、ぜひアピールしましょう。

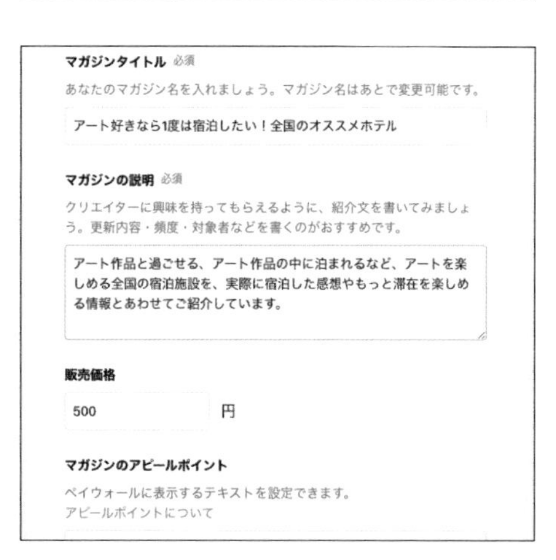

6 「作成」をクリック

「作成」をクリックします(❼)。

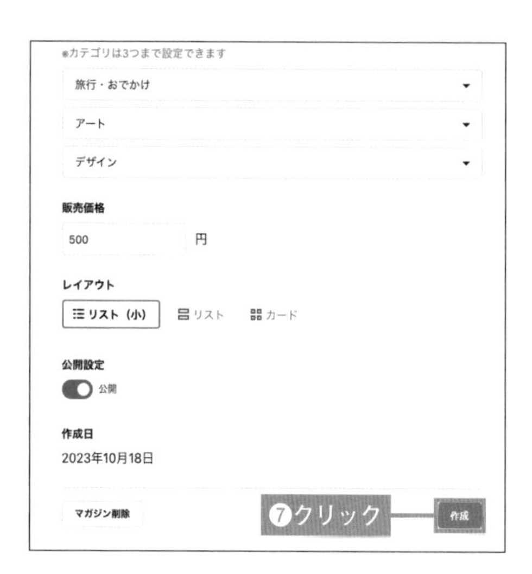

7 有料マガジンの作成

有料マガジンが作成されます(❽)。続けて、この中に記事を追加していきます。

8 「記事を保存」をクリック

自分のクリエイターページに戻り、有料マガジンに追加したい記事を探します。

記事に表示されている(記事を保存)をクリックします(❾)。

9 「追加」をクリック

マガジンの一覧が表示されるので、作成した有料マガジンの「追加」をクリックします（⑩）。これを繰り返し、マガジンに記事を追加していきましょう。

10 記事が追加される

自分のマガジンのページから作成したマガジンを選択すると、記事が追加されていることを確認できます（⑪）。有料マガジンへの記事の追加・削除はいつでも行うことが可能です。マガジンを購入した読者は、購入後に追加された記事もすべて読むことができます。

ワンポイント

無料マガジンを有料マガジンには変更できない

無料で作成したマガジンを有料マガジンに切り替えることはできません。有料にしたい場合は、新たなマガジンを立ち上げ、同じ記事を追加する必要があります。

同様に、有料マガジンとして販売していたマガジンを無料マガジンに切り替えることもできません。

08-06 定期購読マガジンを販売しよう

月単位のサブスクリプション方式で記事を販売できるのが「定期購読マガジン」です。こちらは、有料記事や有料マガジンと異なり、noteのプレミアム会員限定のサービスで、定期的な記事の追加が必要など、クリエイター側にも制約があります。

定期購読マガジンを開設する準備

1 「noteプレミアムサービス」に申し込む

自分のプロフィールアイコンをクリックし(❶)、表示されるメニューから「noteプレミアムサービス」をクリックし(❷)、その後は手順に従ってnoteプレミアムサービスを申し込みます。noteプレミアムの詳細と申請方法については、13-01〜13-02(P.250〜P.255)で紹介します。

2 「マガジンを作る」をクリック

自分の「マガジン」ページで「マガジンを作る」をクリックします(❸)。

3 「有料（定期購読）」をクリック

「販売設定」で「無料」「有料（単体）」「有料（定期購読）」から、「有料（定期購読）」をクリックします（❹）。

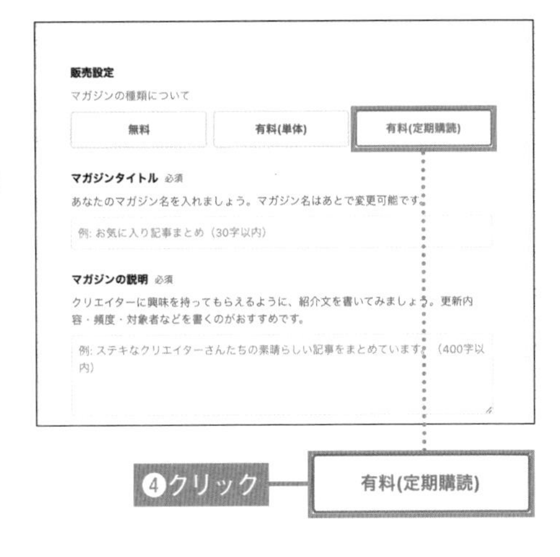

4 申請フォームを入力

通常のマガジン作成時の入力項目を入力したあと、続いて申請フォームが表示されるので、申請内容を入力します（❺）。

なお、「更新頻度」は「月1回」以上で設定する必要があります。

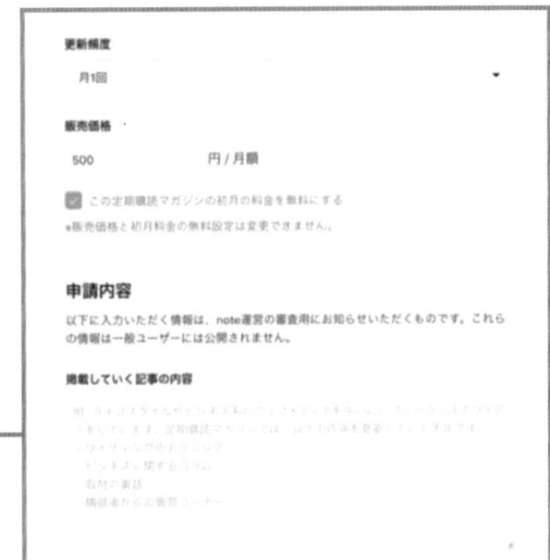

5 「申請を確定」をクリック

設定した内容を確認したのち、「申請を確定」をクリックし（❻）、開設を申請します。

note運営事務局による審査が行われます。定期購読マガジンの審査には2週間から1ヶ月程度かかります。

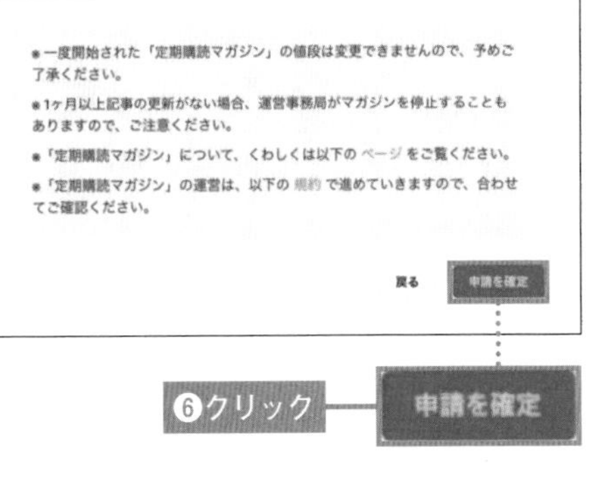

6 非公開の状態のマガジンが作成

マガジンは非公開の状態で作成されます(❼)。審査が完了するのを待ちましょう。

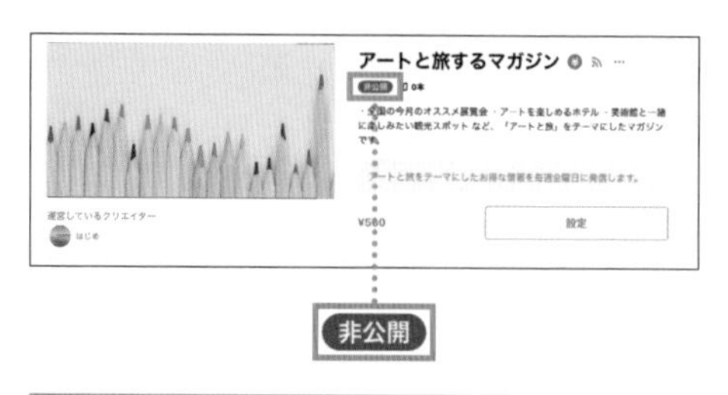

❼非公開のマガジンが作成された

定期購読マガジンを公開し、記事を追加する

1 「公開」に変更

審査が終了すると、審査結果がメールで通知されます。

審査を通過したら、マガジンの設定を開き、公開設定をクリックして「公開」に変更し(❶)、「更新」をクリックします(❷)。

マガジンが公開されます。

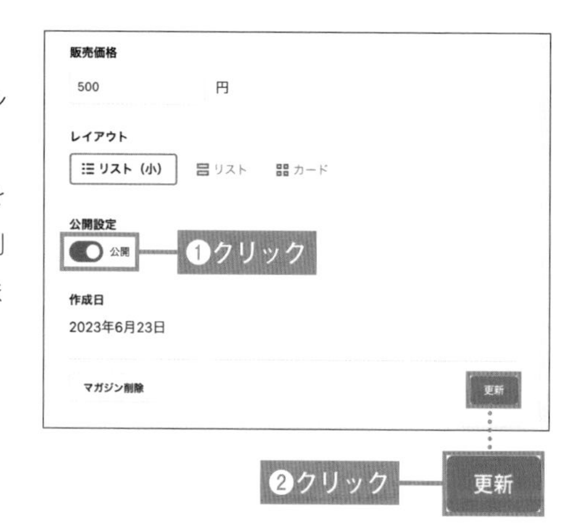

2 「公開設定」をクリック

定期購読マガジン用の記事を新規に作成し、「公開設定」をクリックします(❸)。

なお、今回はテキストの記事を例に解説します。

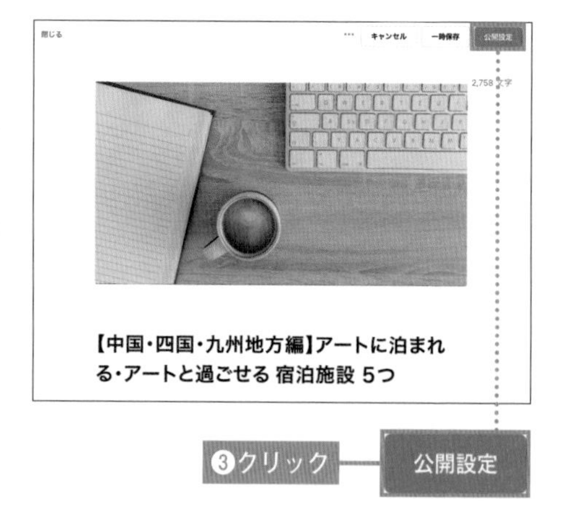

3 「追加」をクリック

公開設定の画面で、「記事の追加」の「マガジン」から、作成した定期購読マガジンを選択し、「追加」をクリックします（④）。

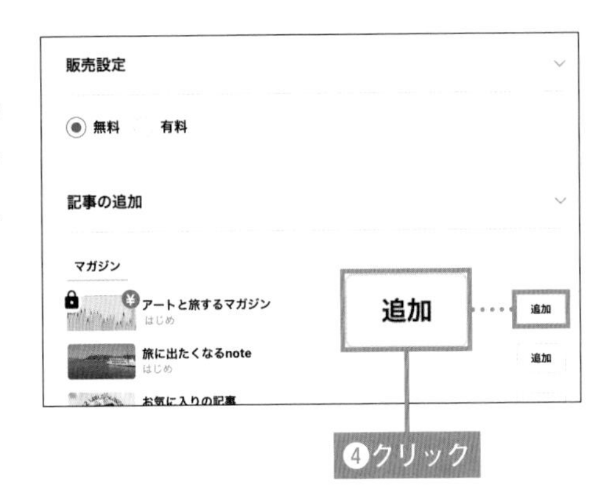

4 記事が追加される

自分の「マガジン」ページから作成したマガジンを選択すると、記事が追加されていることを確認できます（⑤）。記事が掲載されると読者に記事追加を知らせるメールが届きます。

⑤記事が追加された

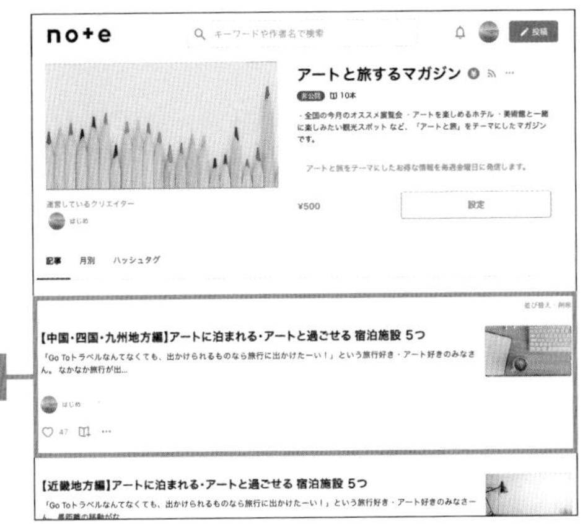

ワンポイント

定期購読マガジンを廃刊にする場合

定期購読マガジンを廃刊にする際には、手続きが必要になります。

廃刊にすることを読者に告知した上で、マガジンの設定画面で「停止申請」をクリックし、廃刊の申請を行ってください。

毎月25日までの停止申請で、当月の最終営業日（平日）に廃刊となり、26日～31日に停止申請した場合には、翌月の最終営業日（平日）に廃刊となります。

マガジン「設定」画面

販売価格
500円
レイアウト
公開設定
作成日
2021/03/04
停止申請
停止申請

08-07 売上を確認しよう

有料記事や有料マガジンが売れたら、売上金を受け取ることができます。まずは、現在の売上を確認しましょう。

売上金を確認する

1 「ダッシュボード」をクリック

プロフィールアイコンをクリックし（❶）、表示されるメニューから「ダッシュボード」をクリックします（❷）。

2 「売上管理」をクリック

左側に表示されるメニューから「売上管理」をクリックします（❸）。

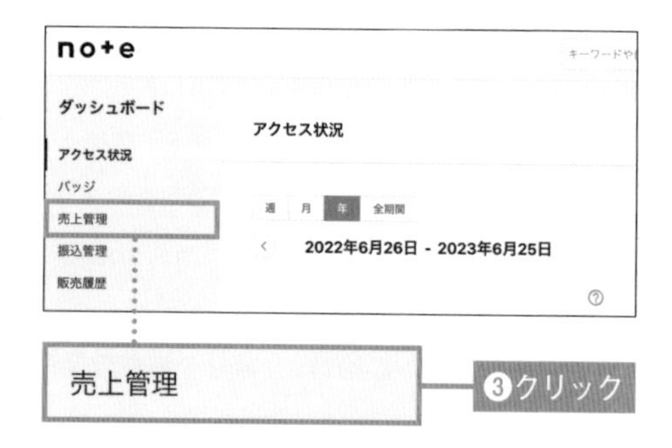

3 パスワードを入力

「パスワードの確認」が表示された場合、パスワードを入力し(❹)、「確認して続ける」をクリックします(❺)。

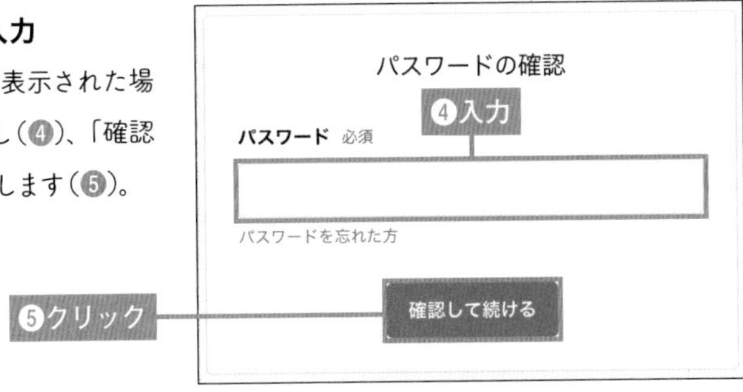

4 売上の確認

売上の一覧が表示されます(❻)。

ワンポイント

売上状況のダウンロード

売上管理の画面の「売上履歴をダウンロードする」をクリックすると、月ごとの売上がCSVファイルでダウンロードされます。

note上の表示とは異なり、「年月」「売上」「手数料」「手数料控除後売上」「振込手数料」という項目が記載されています。確定申告が必要な場合などは、こちらを使うと経費の計算にも便利でしょう。

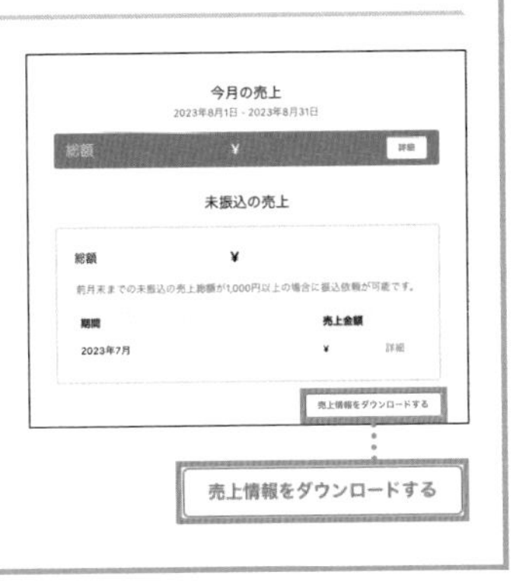

08-08 売上を受け取ろう

口座を設定したら売上を受け取りましょう。売上を受け取るためには振込申請を行います。

振込申請を行う

1 「ダッシュボード」をクリック

プロフィールアイコンをクリックし(❶)、表示されるメニューから「ダッシュボード」をクリックします(❷)。

2 「売上管理」をクリック

左側に表示されるメニューから「売上管理」をクリックします(❸)。
「パスワードの確認」が表示された場合、パスワードを入力し、「確認して続ける」をクリックします。

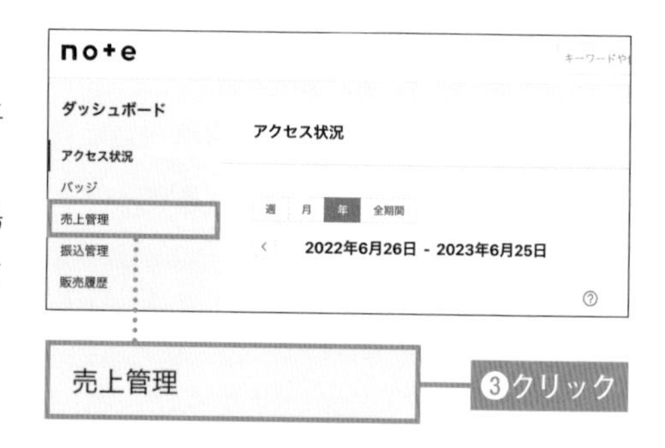

3 「振込依頼」をクリック

「振込可能金額」の欄に表示される「振込依頼」をクリックします（❹）。なお、前月末までの未振込の売上総額が1,000円以上の場合に振込依頼が可能になります。

4 「申請する」をクリック

金額を確認し、「申請する」をクリックします（❺）。

5 支払い予定日を確認

「処理済みの売上欄」の状況が「申請中」になり、支払いの予定日が表示されます（❻）。

08-09 購入者にお礼のメッセージを送ろう

noteでは記事を購入してくれた読者を確認し、お礼のメッセージを送ることができます。感謝の気持ちを込めて、購入者にメッセージを送りましょう。

お礼のメッセージの送付

1 「ダッシュボード」をクリック

プロフィールアイコンをクリックし(❶)、表示されるメニューから「ダッシュボード」をクリックします(❷)。

2 「販売履歴」をクリック

左側に表示されるメニューから「販売履歴」をクリックします(❸)。

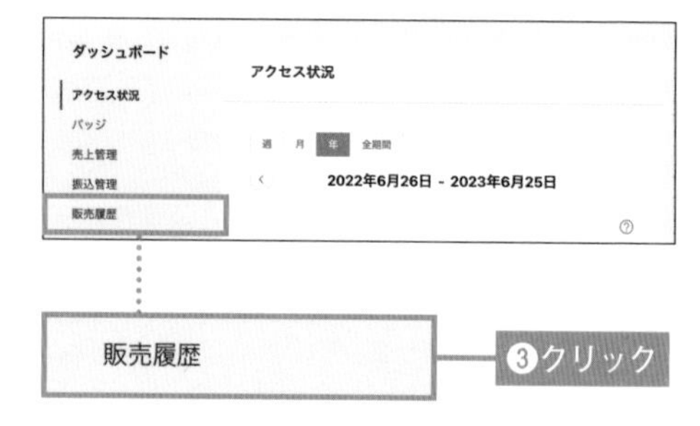

3 パスワードを入力

「パスワードの確認」が表示された場合、パスワードを入力し(❹)、「確認して続ける」をクリックします(❺)。

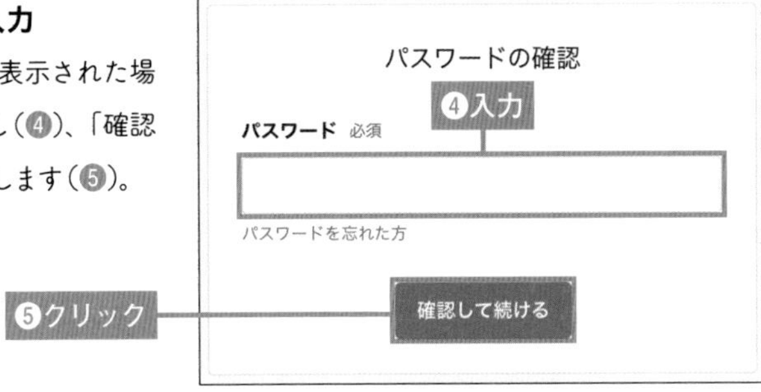

4 「返信する」をクリック

購入者の情報が表示されます。その右側に表示される「返信する」をクリックします(❻)。

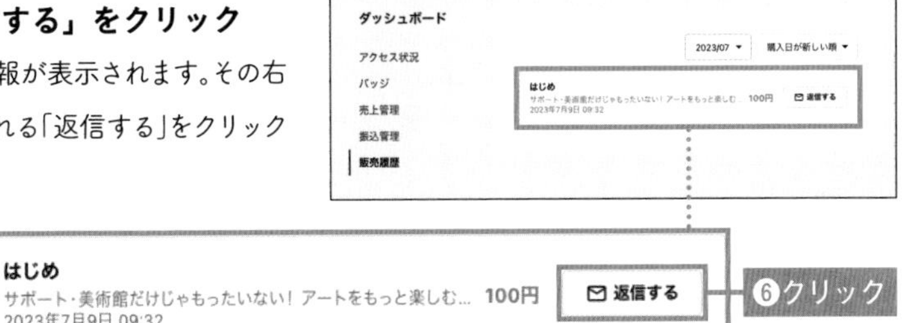

5 「送信」をクリック

「お礼のメッセージ」欄にメッセージを入力し(❼)、「送信」をクリックします(❽)。

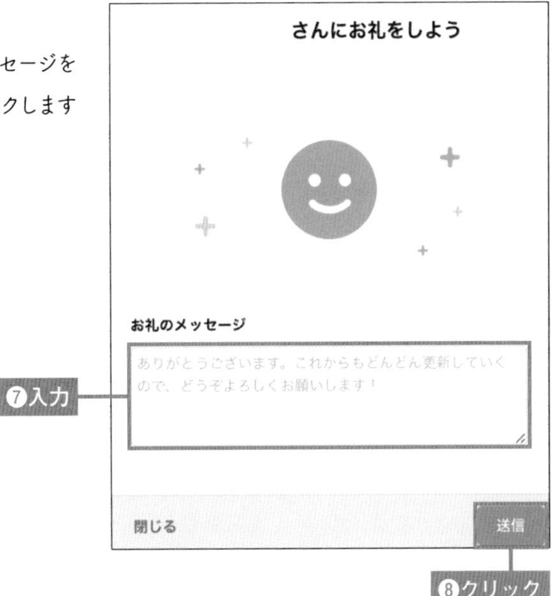

08-10 返金の対応について理解しよう

ここでは、購入後の返金処理について解説します。

返金処理について

次の条件をすべて満たした場合、購入後のnoteの返金を受け付けています。

返金のための条件

- 購入から24時間以内に購入者が「返金申請」を出した場合
- 購入した対象が「有料記事」の場合
  有料マガジン、定期購読マガジン、サポート、noteプレミアム、メンバーシップのプラン、会員登録せずに購入した有料記事 は返金の対象外になります。
- 「購入者からの返金申請を受け付ける」設定にしている場合
  有料記事を公開する際の「販売設定」の画面で、「返金設定」の「購入者からの返金申請を受け付ける」にチェックを入れてある場合です。

また、購入者の決済手段によっては返金申請ができないこともあります。返金申請ができる決済手段は次の通りです。

返金申請ができる決済手段

- クレジットカード（日本国内発行）による決済
- 携帯キャリア決済（docomo、au／UQ mobile、Softbank／Y!mobile）
- PayPay

返金についてはnoteが一定の審査を行い、認められた場合のみに適用されます。たとえば、次のような場合には申請が通らない可能性が高くなります。

申請が通らないケース

- 何度も返金申請を行う
- 同じクリエイターの記事の購入と返金申請を何度も繰り返す

購入者による「返金申請」が認められた場合、購入金額の決済キャンセルが自動的に行われます。返金の履歴は、販売履歴（08-09→P.158参照）から確認できます。

返金申請可否の確認方法

記事を購入する際、返金申請が可能かどうかは、購入画面で確認することができます。有料記事の「記事を購入」をクリックしたあとに表示される「購入内容の確認」の画面の下部に「返金不可」と記載されている場合には返金は受け付けられません。

返金申請の受け入れ可否の設定方法

自分で作成した有料記事について、返金申請を受け付けるか受け付けないかを選択することができます。

1 「公開設定」をクリック

テキストの編集画面から「公開設定」をクリックし（❶）、公開設定画面を開きます。

2 返金申請の可否を選択する

「販売設定」の中に、「返金設定」の「購入者からの返金申請を受け付ける」という項目があります。デフォルトではチェックが入った（返金を受け付ける）状態となっています。

返金を受け付けない場合、チェックを外して（❷）、記事を公開します。

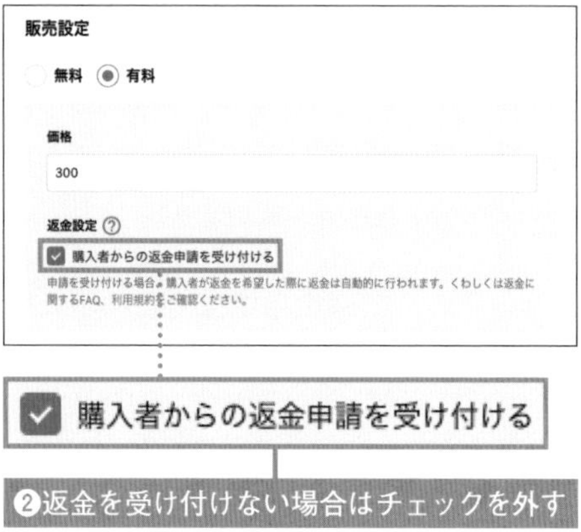

販売設定

無料 有料

価格

300

返金設定

購入者からの返金申請を受け付ける

❷返金を受け付けない場合はチェックを外す

返金を受け付けるメリット・デメリット

返金申請を受け付けるのには、メリットとデメリットがあります。両方を理解した上で、返金申請を受け付けるかどうかを判断しましょう。

返金申請を受け付けるメリット

- 返金を受け付けることで、読者は安心して記事の購入ができます。ほかの記事に対しての競争力を高められる可能性もあります。
- ネガティブな感想をもった読者にも、返金を行うことでトラブルを避けられる可能性があります。

返金申請を受け付けるデメリット

- 返金のシステムを悪用された場合、無料で情報だけを得られてしまう可能性があります。ただし、返金を繰り返し申請する悪質なユーザーはnote側で申請を受け付けないようにしています。

Chapter

9

メンバーシップを運営しよう

メンバーシップは、noteでできる月額制サブスク機能です。本章では、このメンバーシップの説明と、加入の仕方、自身での運用方法などについて紹介します。

09-01 メンバーシップについて知ろう

まず、メンバーシップとはどのような機能で、何ができるのかを紹介します。

メンバーシップでできること(機能)

メンバーシップは、誰でもかんたんに月額制の課金型コミュニティを運営できる機能です。コミュニティの中では、たとえば次のようなことができます。

会員特典の記事・マガジン発行

メンバーシップに加入しているユーザーが購読できる特典記事やマガジンを作成できます。記事の更新は、メールやアプリの通知で届きます。

掲示板での交流

掲示板機能を利用すると、オーナーとメンバー間のコミュニケーションができます。応援してくれるファンや仲間と、安心して交流を深められます。

外部サービスでの交流

メンバーシップ管理画面にてメンバー限定公開URLを設定することで、メンバーのみで外部サービス(ZoomやSlackなど)を使った交流も行えます。

課金に応じた複数プランの作成

さまざまな価格帯のメンバーシッププランを作成することができます。プランごとに異なる特典を設定することで、メンバーにより多くの選択肢を提供できます。

会員証やバッジの発行

メンバー限定の会員証や、活動期間に応じたバッジなどを発行することができます。

メンバーシップの活用イメージ

前ページで解説した機能を用い、メンバーシップをさまざまな形で活用することができます。具体的な活用方法をいくつか紹介します。

コンテンツの収益化

テキストや、音楽、映像、写真などのコンテンツを有料で提供することが可能です。これにより、あなたの知識やスキル、作品から収益を得られるようになります。

ファンとの交流

掲示板などを活用した交流で、より密接な関係をファンと築くことができます。限定的なコンテンツや情報をシェアすることで、ファンとの深い絆を作ることができるでしょう。

応援してくれる人を募る

あなたの活動やプロジェクトを応援したい人に向けて、メンバーシップを通じて直接的な支援を募ることができます。メンバーシップでは記事の更新義務もなく、必ずしもコンテンツを提供する必要もありません。

セミナーや個別指導

メンバー限定公開URLを設定できるため、ZoomやSlack、Discordなどの外部サービスを使い、知識やスキルを生かしたセミナーや個別指導を行うことも可能です。

09-02 メンバーシップに参加してみよう

メンバーシップのイメージはつかめましたか？　自分で運営するイメージをつかむために、まず、メンバーとして参加する方法について紹介します。

メンバーシップに参加する

メンバーシップに参加するためには、クレジットカードの登録が必要です。事前にクレジットカードの設定を行ってから(03-07→P.50)、こちらのステップに進みます。

1 「買う」タブをクリック

参加したいメンバーシップを見つけましょう。検索結果から「メンバーシップ」タブをクリックするか、https://note.com/membershipにアクセスすると(❶)、さまざまな「メンバーシップ」が紹介されます。
気になるメンバーシップのサムネイルをクリックします(❷)。

2 「参加手続きへ」をクリック

メンバーシップの説明とプランが表示されます。メンバーシップでは特典の異なるプランを複数設定することができます。
入会したいプランを選択し、「参加手続きへ」をクリックします(❸)。

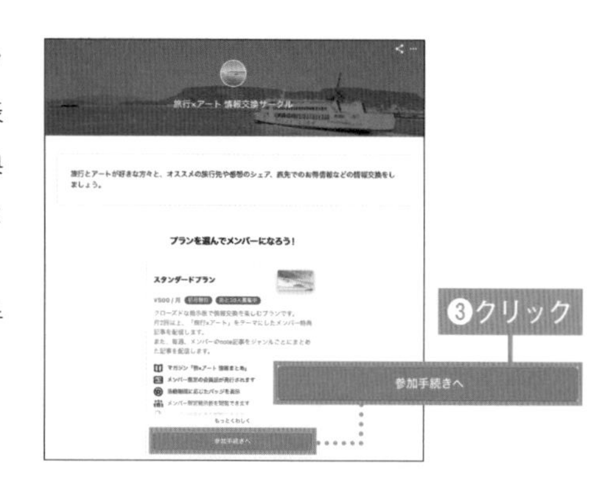

3 プランの内容を確認

プランの詳細が表示されるので、内容を確認します(❹)。

4 「参加する」をクリック

参加内容の確認を下部まで読み進めると、「自分がメンバーであることを公開する」のチェックボックスが表示されます。

もし、自分がメンバーであることを公開したくない場合、「自分がメンバーであることを公開する」のチェックを外します(任意)(❺)。

最後に、「参加する」をクリックすると、参加が確定します(❻)。

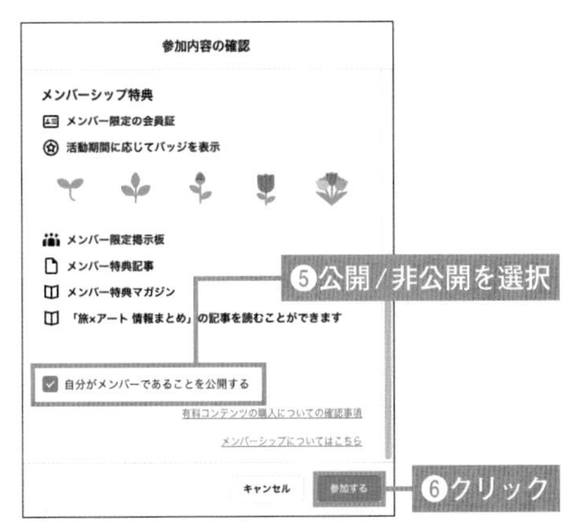

5 お礼のメッセージの表示

メンバーシップのオーナーからのお礼のメッセージが表示されます(❼)。

メンバーシップの決済は申し込み時に初月分が発生し、その後は毎月1日に発生します。

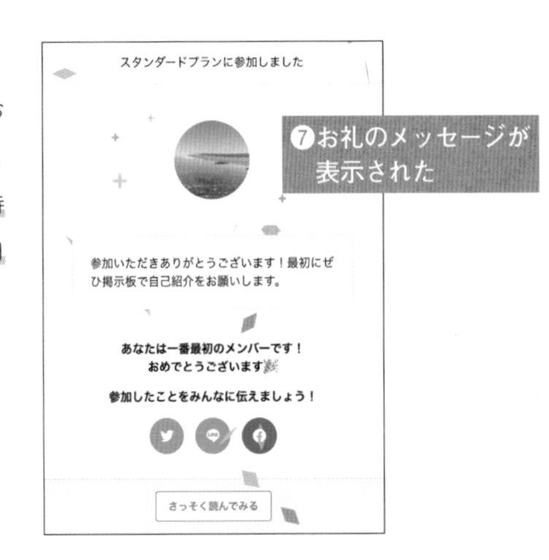

メンバーシップのホーム画面

メンバーシップのホーム画面は、メンバーシップの掲示板、メンバー特典記事、メンバー特典マガジンの最新情報を閲覧することができます。タブには次の種類があります。なお、コンテンツが1件もないタブは表示されません。

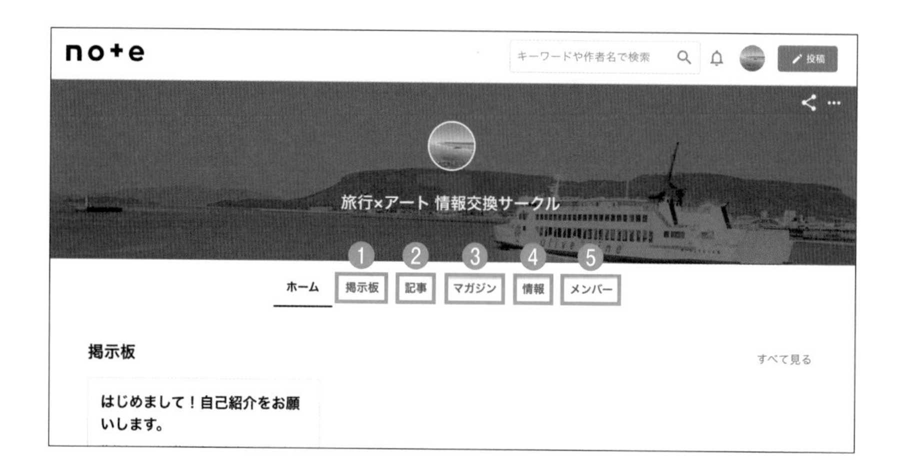

図の位置	名称	内容
❶	掲示板	クリエイターとメンバーや、メンバー同士が意見や情報を交換できる場所です。
❷	記事	メンバー限定の特典記事を読むことができます。
❸	マガジン	メンバー限定のマガジンを読むことができます。
❹	情報	クリエイターのプロフィール情報や連絡先、サービスの詳細など、クリエイターに関する情報が表示されます。
❺	メンバー	そのメンバーシップに加入しているほかのメンバーのうち、情報を「公開」することを選択しているメンバーの一覧が表示されます。

Column

メンバーシップと定期購読マガジンの違い

noteのサブスクリプション型のサービスという点では、定期購読マガジン(08-06→P.150)もありますが、次のような違いがあります。

	定期購読マガジン		メンバーシップ	
記事の限定公開	○できる		○できる	
記事のメール配信	○できる		○できる	
掲示板での交流	×できない		○できる	
システム利用料	20%		10%	
更新義務	月1回以上		義務なし	
読者が読める記事	契約中	購読期間中に追加された記事(詳細はP.139)	契約中	過去記事を含めたすべての記事
	解約後	該当記事は定期購読をやめたあとも読める	解約後	すべての記事が読めなくなる
使い方のイメージ	有料メルマガ、デジタル雑誌など		オンラインサロン、ファンクラブなど	

目的や、自分自身の更新頻度などに応じて使い分けましょう。

09-03 どのようなメンバーシップを開設するか考えよう

メンバーシップでできることのイメージがつかめたら、次は自身で運営してみましょう。1クリエイターが作成できるメンバーシップは1つまでなので、事前の準備をしっかりと行っていきましょう。

メンバーシップ開設までの流れ

まず、メンバーシップを解説するまでの流れを確認しましょう。メンバーシップのプラン開設には審査があり、申請する前に、どのように運営するのか、イメージをしっかりと固めることをオススメします。

手順	フェーズ	内容
❶	基本情報入力	メンバーシップの名前や、運営タイプなど、基本情報を入力します。
❷	プラン作成	メンバーが参加できるプランを作成します。プラン名や会費、受けられる特典などを設定します。プランは最大21個まで設定できます。
❸	審査	メンバーシップは事前審査制です。プランごとに審査を申請します。
❹	公開	審査を通過したらプランを公開してメンバーを募集します。

なお、メンバーシップ開設までの一連の流れと、各段階でのヒントについては、note公式で「メンバーシップ運営のためのハンドブック」を公開しているので、こちらも参考にしてみてください。

メンバーシップの運営タイプ

メンバーシップの開設申請の前に、何をしたいのかを具体的に考えましょう。メンバーシップ申請の基本情報の入力欄では、「運営タイプ」を次の中から選択します。この運営タイプに沿って考えると、イメージがつかみやすいかもしれません。

運営タイプ	内容
サークル・コミュニティ	趣味や興味が近い仲間を集めて、情報を交換したり、交流したりする場として運営します。オーナーはサークルの活動をとりまとめ、メンバー同士の交流を促進する立場になります。
ファンクラブ	アーティストやクリエイターがオーナーとなり、ファンに向けてメンバーシップを運営します。ファンに向けて、限定コンテンツへのアクセスや、イベントへの優先的な参加などの特典を付けることが考えられます。
活動支援	オーナーの活動やプロジェクトを、メンバーが継続的に支援するものです。社会的な活動や、研究など、さまざまなプロジェクトに対しての支援が考えられます。 クラウドファンディングのように単発の支援ではなく、継続的に支援が続けられるのがメリットです。
期間限定	特定の期間にわたるプロジェクトやイベントのために期間限定でメンバーシップを作成することもできます。たとえば、短期集中のレクチャーや、特定のイベントに向けて資金やメンバーを募る場合に使えるでしょう。
ニュースレター	サブスクリプションの読者限定で記事を届けることで、ニュースレターのように活用することもできます。また、サブスクリプションの購読者には、note上で記事を公開するのと同時にメールで直接記事を届けることもできます。
オンラインレッスン	メンバー限定で、外部サイトのURLを共有することができるので、動画やZoomを使ったオンラインレッスンや、Slackなどを使った個人指導などに活用することもできます。

運営タイプの中から、どのような活動（特典）をどんなメンバーに届けたいのかのイメージを固めましょう。

メンバーシップを開設しよう

どのようなメンバーシップを開設するか決めたら、いよいよ開設の手続きを始めましょう。

メンバーシップの開設

1 「メンバーシップ」をクリック

自身のアイコンをクリックし(❶)、表示されるメニューから「メンバーシップ」をクリックします(❷)。

2 「+メンバーシップをはじめる」をクリック

「+メンバーシップをはじめる」をクリックします(❸)。

3 基本情報を入力

まずは、メンバーシップの基本情報を入力します（❹）。メンバーシップは1クリエイターで1つだけ設定可能です。すべて入力したら、「プラン作成に進む」をクリックします（❺）。

図の位置	入力項目	内容
❶	メンバーシップの名前	メンバーシップの名前を付けます。あとから変更可能です。
❷	運営タイプ	「説明」欄下に表示される入力のテンプレートを切り替えるための項目です。P.171を参照して、どういったタイプで運営するのかを選択しましょう。
❸	説明	枠の下に表示されるテンプレートに沿って、「何をするのか」「活動方針や頻度」「どんな人に来てほしいか」「どのように参加してほしいか」などの説明を記入します。あとから変更可能です。
❹	カテゴリ	興味のある方にメンバーシップが届きやすくなるよう、カテゴリを選択します。カテゴリは3つまで選択できます。あとから変更可能です。

4 会員証画像を登録

プラン作成画面に移動します。まず、「会員証の画像」欄にメンバーシップのプランの会員証として使用する画像を追加します（❻）。画像サイズは1280×720pxです。よりきれいに表示したい場合は、1920×1080pxで用意します。

5 画像の登録完了

「会員証の画像」に追加した写真が、グレーがかった状態で表示されます（❼）。

画像の下にある「プレビューを開く」という文字をクリックすると、会員証の見え方を確認できます。

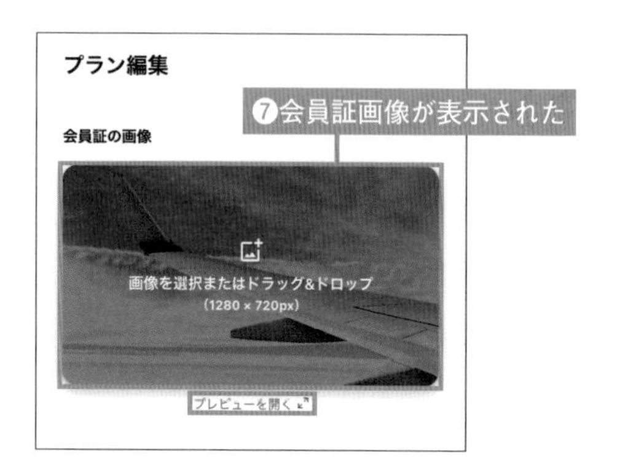

6 プランの詳細を入力

続いて、運用するプランの詳細を入力します（❽）。プランは、会費に応じて特典を変更するなど、最大21個まで設定することができます。

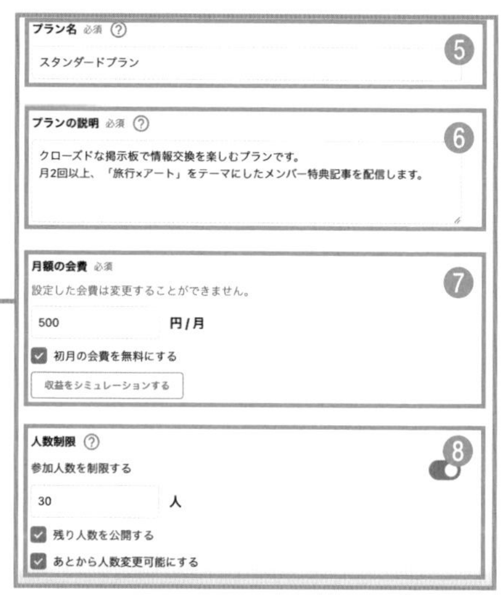

図の位置	入力項目	内容
❺	プラン名	プランの名前（スタンダードプラン・プラチナプランなど）を設定します。あとから変更可能です。
❻	プランの説明	どのようなプランか説明します。複数のプランを設定する場合、それぞれのプランのポイントを記載しましょう。あとから変更可能です。
❼	月額の会費	メンバーシップの月会費を設定します。100～50,000円の間で自由に設定できます。なお、月額の会費は一度設定すると変更できません。 「初月の会費を無料にする」にチェックを入れると、初月は無料でお試しできるようになります。
❽	人数制限	メンバーシップ入会の人数を制限したい場合、トグルボタンをオンにし、上限人数を入力します。

7 プランの特典を設定

続けて、プランごとの特典を設定します(❾)。項目をすべて入力したら、「プランを申請」をクリックします(❿)。審査はプランごとに行われるので、設定したいプランの数だけ同様に申請を行います。

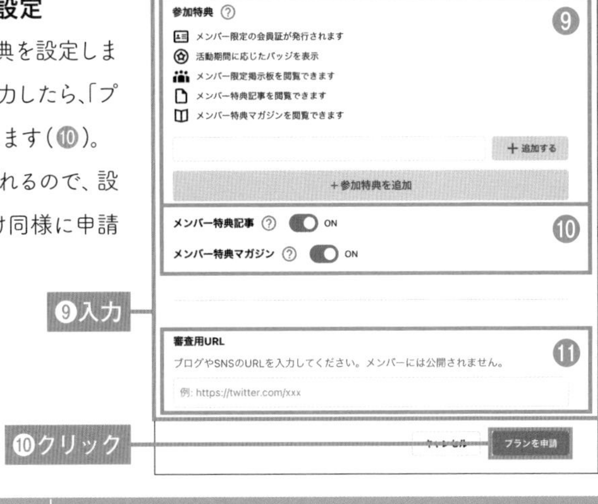

図の位置	入力項目	内容
❾	参加特典	プランに参加したメンバーが得られる特典を記入します。初期に設定されている項目のほか、メンバー限定記事の配信、プレゼント企画、ZoomやSlackなどの外部ツールへの参加権、オンラインレッスンなど、活動にあった特典を5つまで設定できます。
❿	メンバー特典記事・メンバー特典マガジン	メンバーに向けた記事やマガジンの閲覧を特典にする場合、トグルボタンをオンにします。オンにすると、上記の「参加特典」に「メンバー特典記事を閲覧できます」「メンバー特典マガジンを閲覧できます」と追加されます。あとから変更可能です。
⓫	審査用URL	note運営事務局が、プランを審査するために使用します。あなたが普段の活動に使用しているURLを記載します。メンバーにURLが公開されることはありません。

8 審査の受付の完了

「プラン審査を受け付けました！」というポップアップが表示されます(⓫)。原則1日程度で結果が通知されますが、note運営事務局で申請を1件ずつ内容確認するため、審査に時間がかかる場合もあります。

09-05 メンバーを迎える準備をしよう

審査に通過したら、メールと note 内の通知で審査通過が連絡されます。審査を通過したら、メンバーシップを公開する準備を行いましょう。まずは、メンバーシップページの外観を整え、メンバーを迎える準備をします。

メンバーからの見え方を確認

1 「メンバーシップ」をクリック

読者からのページの見え方は自分のクリエイターページから確認できます。クリエイターページの「メンバーシップ」のタブをクリックします(❶)。

2 外観の確認

こちらで表示される画面がほかのメンバーからも表示される画面になります(❷)。タブは次の種類があります。なお、プランの審査を通過した段階では、何も表示されていません。

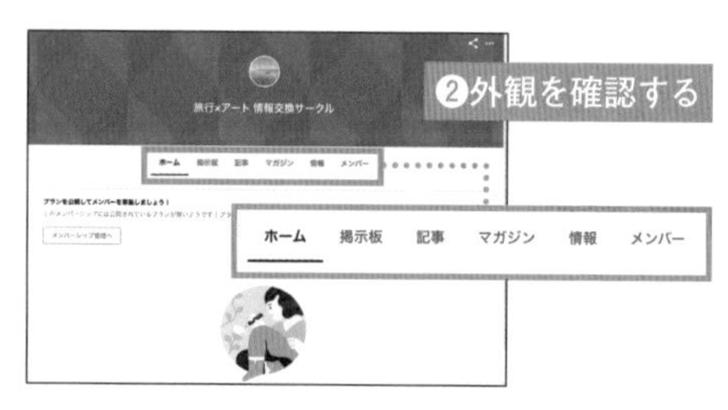

タブ	内容
ホーム	掲示板、特典記事など、メンバーシップ内のコンテンツのハイライトが表示されます。
掲示板	メンバーのみで交流ができる掲示板が表示されます。
記事	メンバーへの特典記事が表示されます。
マガジン	メンバーへの特典マガジンが表示されます。
情報	メンバーシップの情報が公開されます。
メンバー	メンバーシップに参加しているメンバーの一覧が公開されます。

メンバーシップの画像の登録

note上で表示されるメンバーシップのサムネイル画像を登録しましょう。

1 「メンバーシップ」をクリック

自分のアイコンをクリックし(❶)、「メンバーシップ」をクリックします(❷)。

2 「管理画面を開く」をクリック

「管理画面を開く」をクリックします(❸)。

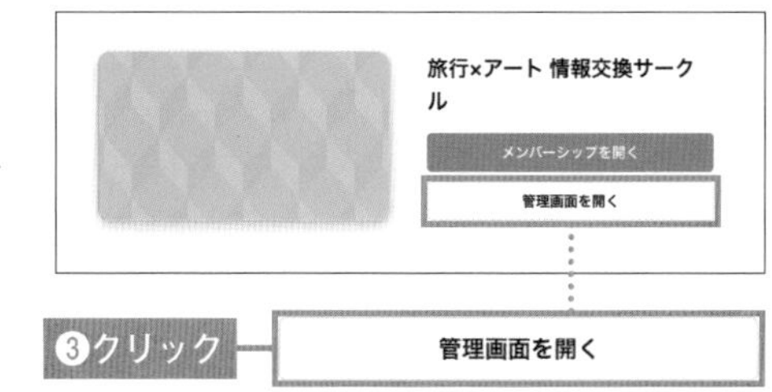

3 「編集する」をクリック

「編集する」をクリックします(❹)。

4 画像を追加

メンバーシップ画像をクリックし(❺)、画像をアップロードするか、ドラッグ&ドロップで画像を設定します(❻)。

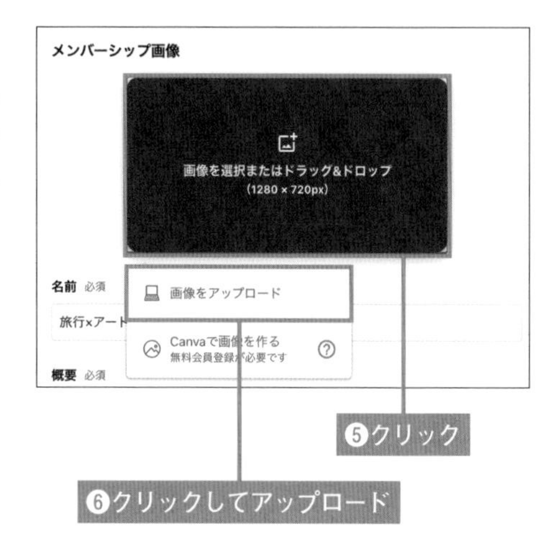

5 「更新する」をクリック

「更新する」をクリックします(❼)。

6 画像の登録完了

管理画面に戻り、「メンバーシップ画像」が登録されていることを確認します(❽)。

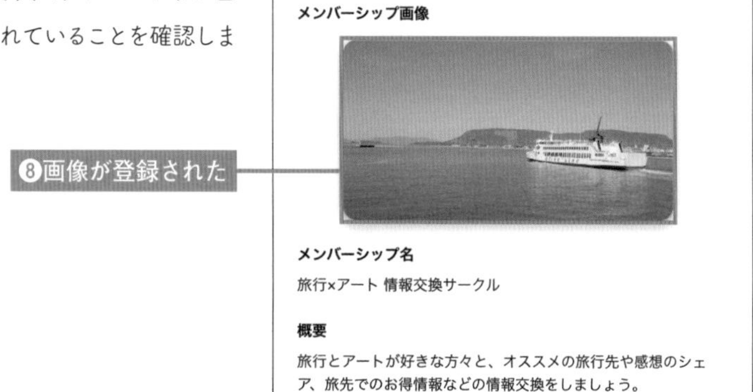

参加者へのお礼のメッセージを追加

メンバーシップにメンバーが参加した際に、ポップアップでお礼のメッセージを伝えることができます。

1 「編集」をクリック

メンバーシップの管理画面から、お礼のメッセージを追加したいプランを探し、「編集」をクリックします(❶)。

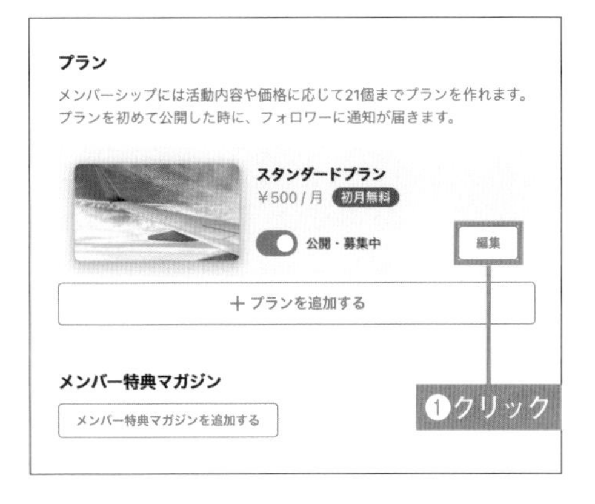

2 メッセージを入力

プラン編集画面の下部に「参加者へのお礼メッセージ」「退会者へのメッセージ」欄があるので、ここにメッセージを入力し(❷)、「プランを変更」をクリックします(❸)。

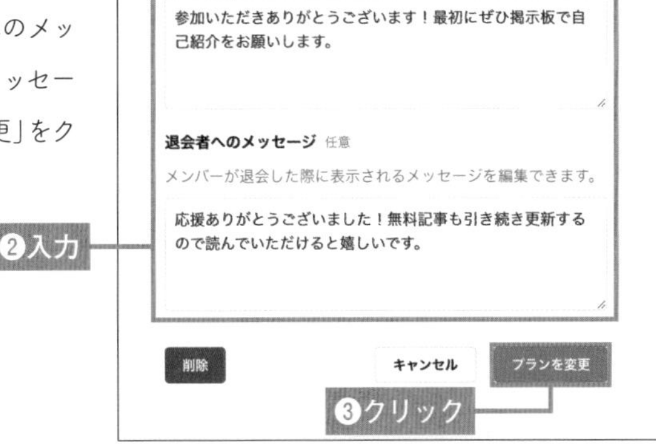

3 メッセージの設定完了

「変更が完了しました」のポップアップが表示されます(❹)。プランに入会した際に、あなたのアイコンとともに入力したメッセージが表示されるようになります。「閉じる」をクリックします(❺)。

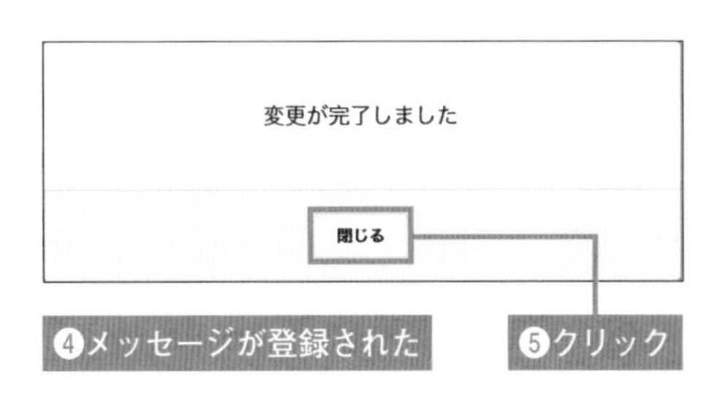

9 メンバーシップを運営しよう

09-06 掲示板を準備しよう

メンバーと交流するための掲示板を作成しましょう。自己紹介用の掲示板などを用意すると、メンバーとの交流のきっかけにもなります。掲示板のトピック作成はオーナーのみが行うことができ、書き込みはメンバー全員が行うことができます。

掲示板を作成する

1 「掲示板」のタブをクリック

自身のメンバーシップページから「掲示板」のタブをクリックして開きます（❶）。

2 タイトルと内容を入力

新規投稿のテキストボックスに、掲示板のタイトルを入力したあと、内容を入力します（❷）。

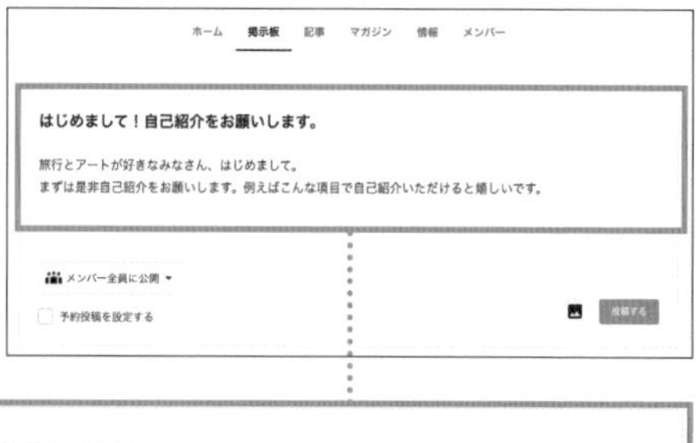

3 公開範囲を選択

テキストボックスの左下にある「メンバー全員に公開」をクリックし、公開範囲を選択します(❸)。なお、プラン別に公開範囲をカスタマイズすることもできます。

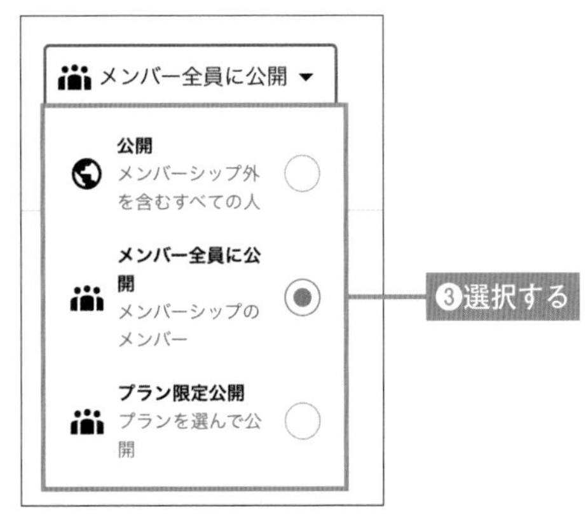

範囲	内容
公開	メンバーシップ外を含むすべての人に公開されます。
メンバー全員に公開	メンバーシップのメンバーに限り公開されます。
プラン限定公開	メンバーシップ内のプランを限定して公開することができます。

4 「投稿する」をクリック

右下にある「投稿する」をクリックします(❹)。

5 掲示板の完成

掲示板が作成されます(❺)。メンバーは、作成した掲示板にコメントを書き込むことができます。

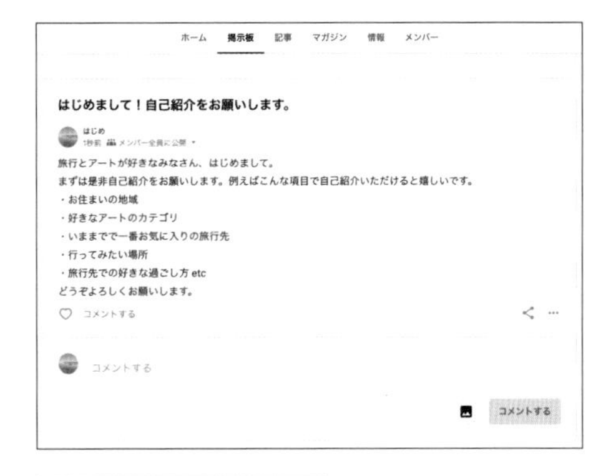

❺掲示板が作成された

09-07 特典記事を準備しよう

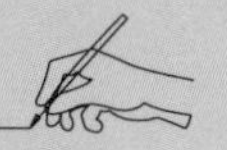

メンバーシップの特典として、「特典記事」を設定したならば、ぜひ事前に特典記事を作成しましょう。特典記事は、新規記事を紐付ける方法と、すでに公開している記事を紐付ける方法があります。

新規記事を作成して紐付ける

1 「公開設定」をクリック

「特典記事」として公開するための記事を作成し、「公開設定」をクリックします(❶)。

2 「メンバーシップ」をクリック

公開設定ページでハッシュタグや販売額などを設定したあと、「記事の追加」の項目で「メンバーシップ」のタブをクリックします(❷)。

3 「追加」をクリック

「メンバー全員に公開」と「プラン限定公開」が選べます。公開したい範囲の右側にある「追加」をクリックします（❸）。

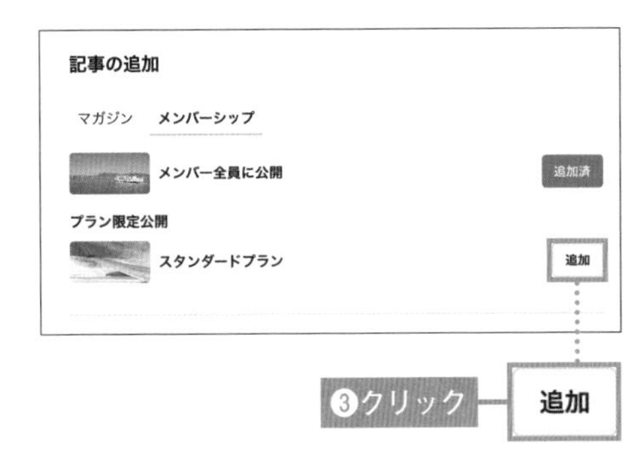

4 「試し読みエリアを設定」をクリック

すべて設定が完了したら、右上の「試し読みエリアを設定」をクリックします（❹）。

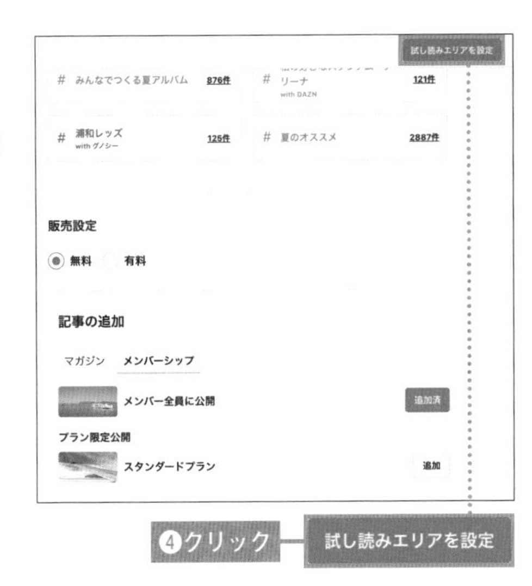

5 試し読みエリアを設定

メンバー以外も読むことができる試し読みに設定したいエリアの下にある「ラインをこの場所に変更」をクリックし（❺）、試し読みのエリアを設定します。

設定後、右上にある「投稿する」をクリックします（❻）。

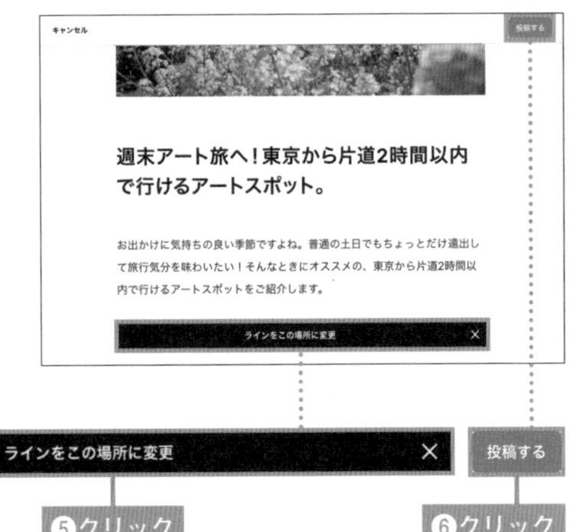

6 特典記事の追加完了

自身のメンバーシップページの「記事」のタブをクリックすると(❼)、投稿した記事が表示されます(❽)。

投稿済みの記事を紐付ける

1 「記事」をクリック

自分のアイコンをクリックし(❶)、表示されるメニューから「記事」をクリックします(❷)。

2 「メンバーシップ特典追加・解除」をクリック

特典に追加したい記事の右側にある、…をクリックし(❸)、表示されるメニューから「メンバーシップ特典追加・解除」をクリックします(❹)。

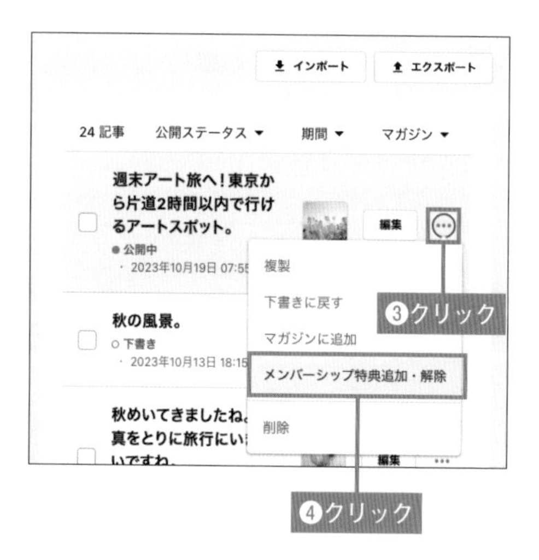

3 公開するプランを選択

「メンバー全員に公開」と「プラン限定公開」が選べます。公開したい範囲の右側にある「追加」をクリックしたあと(❺)、「閉じる」をクリックして(❻)、ポップアップを閉じます。

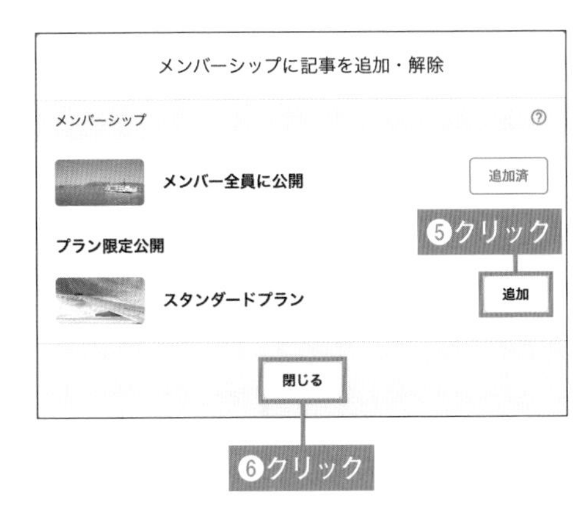

4 特典記事の追加完了

自身のメンバーシップページの「記事」のタブをクリックすると(❼)、特典記事に追加された記事が表示されます(❽)。

ワンポイント

投稿済み記事に「試し読みエリア」を設定する場合

無料記事で公開していた記事をメンバーシップ用の記事として追加し、試し読みエリアを設定する場合、該当記事の編集・公開画面から行います。

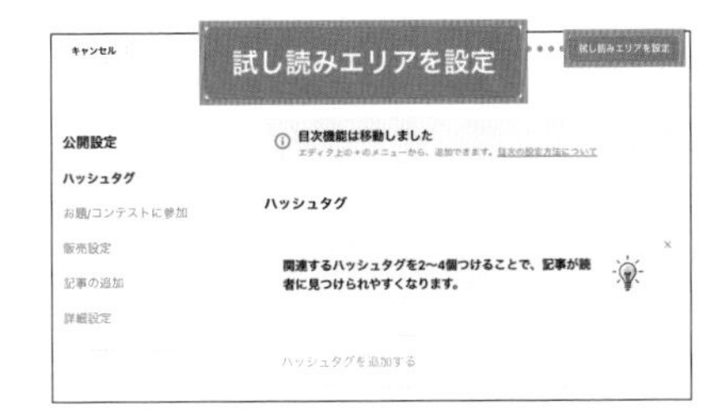

該当記事の公開設定画面に進むと、「試し読みエリアを設定」が表示されるので、クリックします。「新規記事を紐付ける」と同様な方法で試し読みエリアを設定してから、右上にある「更新する」をクリックして記事を公開しましょう。

09-08 特典マガジンを準備しよう

メンバーシップの特典として、「特典マガジン」を設定したならば、特典マガジンを作成しましょう。新規にマガジンを作成して紐付ける方法と、すでに公開しているマガジンを紐付ける方法があります。

新規マガジンを作成して紐付ける

1 「マガジン」をクリック

自分のアイコンをクリックし(❶)、表示されるメニューから「マガジン」をクリックします(❷)。

2 「+マガジンを作る」をクリック

「+マガジンを作る」をクリックします(❸)。

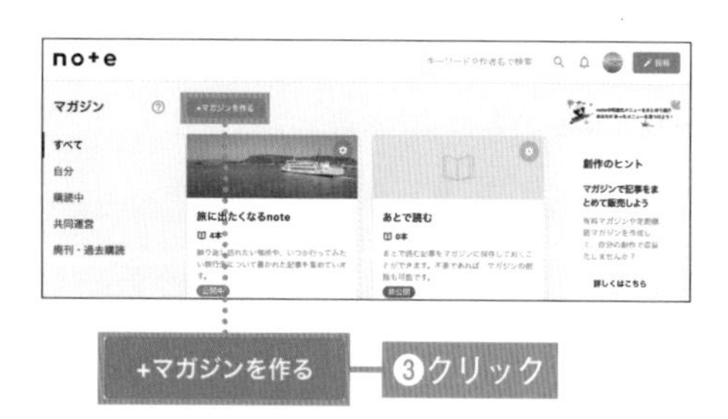

3 「作成」をクリック

「無料」マガジンか「有料（単体）」マガジンのどちらかを選択して、マガジンに必要な情報を入力し（❹）、「作成」をクリックします（❺）。なお、マガジンの入力内容の詳細は08-05（P.146）を参照してください。

なお、無料マガジンを特典にした場合、マガジン内の記事はメンバーシップのメンバーにしか読めなくなります。有料マガジンにした場合は、メンバーシップ外の人も、マガジンを購入すれば読むことができます。

マガジン画像
noteのマガジン一覧ページやSNSにシェアしたときに表示される画像です。
(1280 x 670px)
ヘッダー画像の作成方法をみる
マガジンタイトル 必須
あなたのマガジン名を入れましょう。マガジン名はあとで変更可能です。
旅×アート 情報まとめ
マガジンの説明 必須
クリエイターに興味を持ってもらえるように、紹介文を書いてみましょう。更新内容・頻度・対象者などを書くのがおすすめです。
旅×アートのニュースや情報をまとめたマガジンです。
レイアウト
リスト（小） リスト カード
公開設定
公開
作成

❹入力
❺クリック

4 マガジンの作成

マガジンが作成されます（❻）。

❻マガジンが作成された

5 「メンバー特典マガジンを追加する」をクリック

続けて、作成したマガジンをメンバーシップのプランに紐付けます。自分のメンバーシップページの「マガジン」のタブをクリックして（❼）、表示される「メンバー特典マガジンを追加する」をクリックします（❽）。

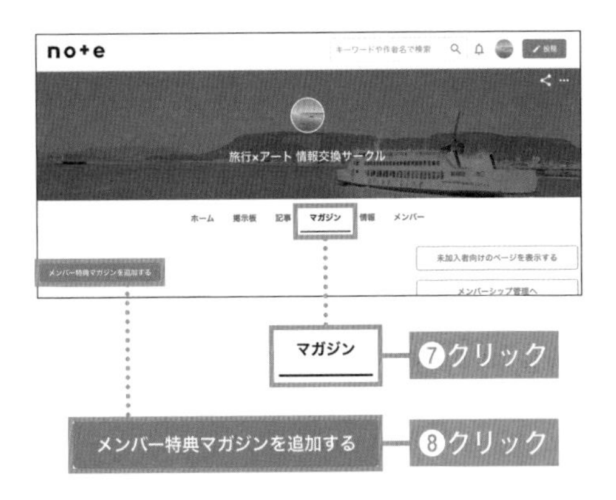

9 メンバーシップを運営しよう

6 プランを選択

「メンバー特典マガジンを追加」のポップアップが表示されます。マガジンを公開したいプランの「追加」をクリックします(❾)。

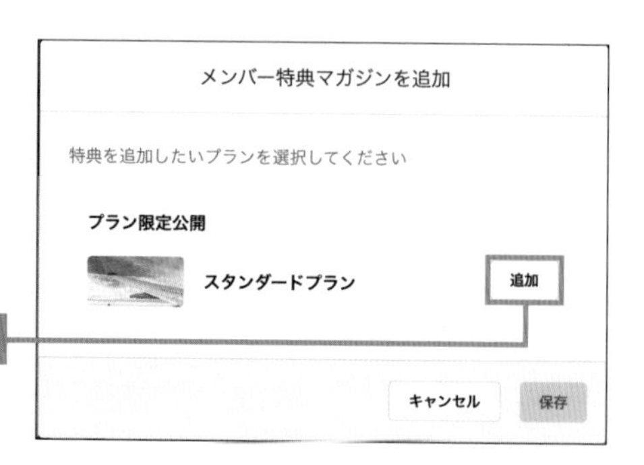

7 紐付けるマガジンを選択

自分で作成したマガジンが一覧表示されます。プランと紐付けたいマガジンの横にある「追加」をクリックし(❿)、「保存」をクリックします(⓫)。

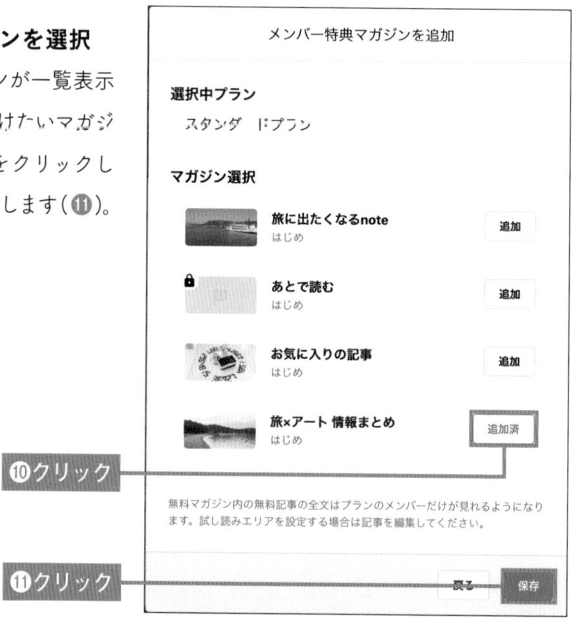

8 マガジンの追加完了

メンバーシップページの「マガジン」のタブをクリックすると(⓬)、追加したマガジンが表示されます(⓭)。

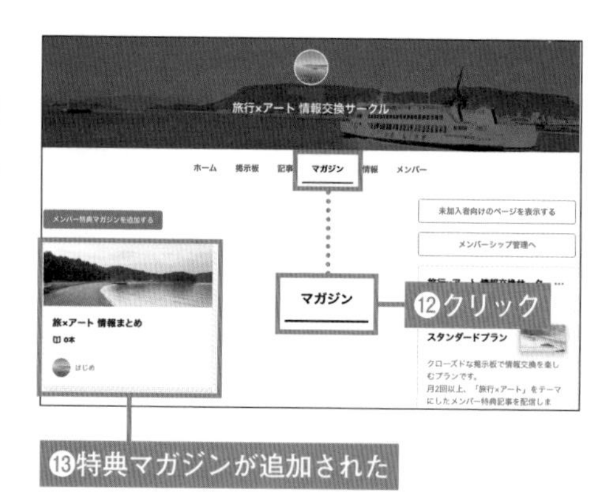

公開済みのマガジンを紐付ける

新規作成したマガジンと同様に、すでに公開済みのマガジンを紐付けることも可能です。

1 「メンバー特典マガジンを追加する」をクリック

メンバーシップページの「マガジン」のタブをクリックして開き(❶)、ページに表示される「メンバー特典マガジンを追加する」をクリックします(❷)。

2 プランを選択

「メンバー特典マガジンを追加」のポップアップが表示されます。マガジンを公開したいプランの「追加」をクリックします(❸)。

3 マガジンを選択

現在作成しているマガジンが表示されるので、プランと紐付けたいマガジンの横にある「追加」をクリックし(❹)、「保存」をクリックすると(❺)、マガジンが紐付けられます。

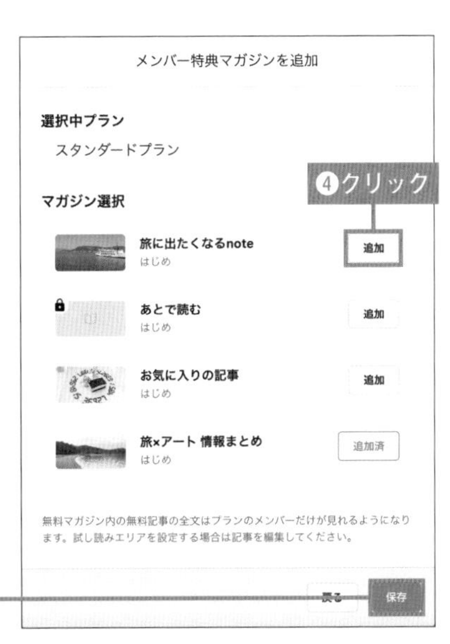

09-09 外部サービスへの誘導を準備しよう

メンバーシップのメンバーに公開を限定して、ZoomやSlackなど、外部サービスのURLを共有することができます。オンラインサロンや個別指導のように使いたい場合、この外部への誘導アドレスを設定しましょう。

外部サービスへの誘導を作る

1 「メンバーシップ」をクリック

自分のアイコンをクリックし(❶)、表示されるメニューから「メンバーシップ」をクリックします(❷)。

2 「管理画面を開く」をクリック

「管理画面を開く」をクリックします(❸)。

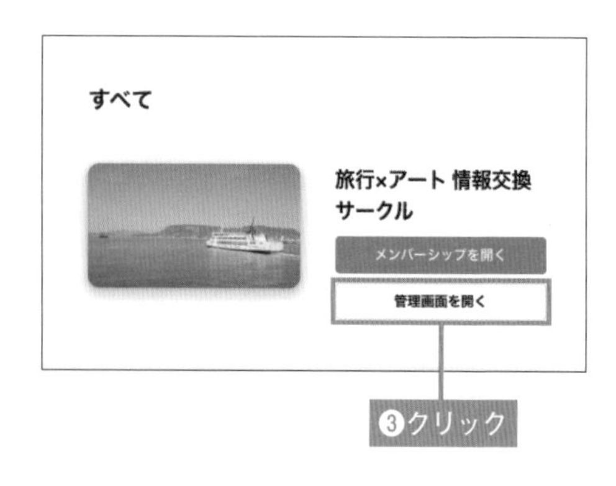

3 「＋外部サービスを追加」をクリック

「管理」項目の中にある「メンバー限定公開URL」の「+外部サービスを追加」をクリックします（❹）。

4 ラベルとURLを入力

ラベルを入力し、メンバーと共有したいURLを入力します（❺）。入力後、「+追加する」をクリックします（❻）。

5 URLの共有完了

メンバーシップページの「情報」のタブをクリックすると（❼）、メンバーシップ情報と一緒に「メンバー限定公開URL」が表示されます（❽）。

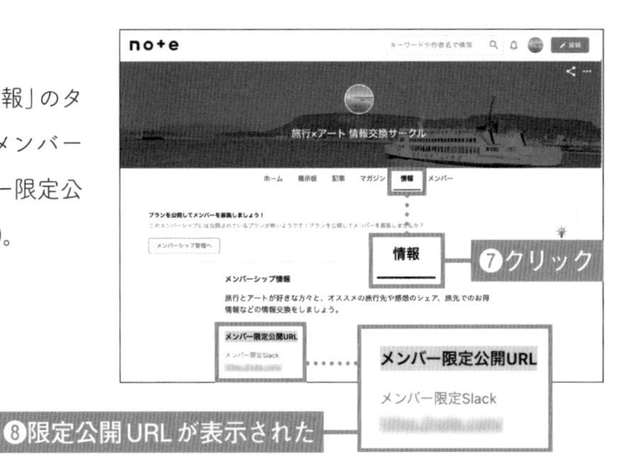

09-10 メンバーシップを公開しよう

準備が整ったらメンバーシップを公開しましょう。各プランは、公開と非公開をいつでも切り替えることができます。

メンバーシップを公開する

1 「メンバーシップ」をクリック

自分のアイコンをクリックし(❶)、表示されるメニューから「メンバーシップ」をクリックします(❷)。

2 「管理画面を開く」をクリック

「管理画面を開く」をクリックします(❸)。

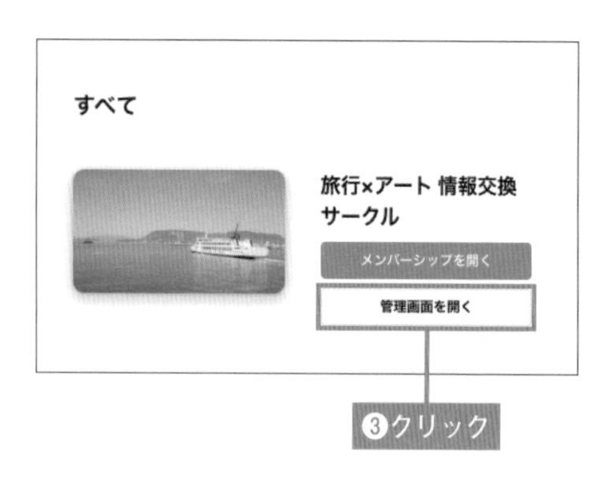

3 プランを公開する

公開したいプランの「非公開」になっているトグルをクリックします(❹)。

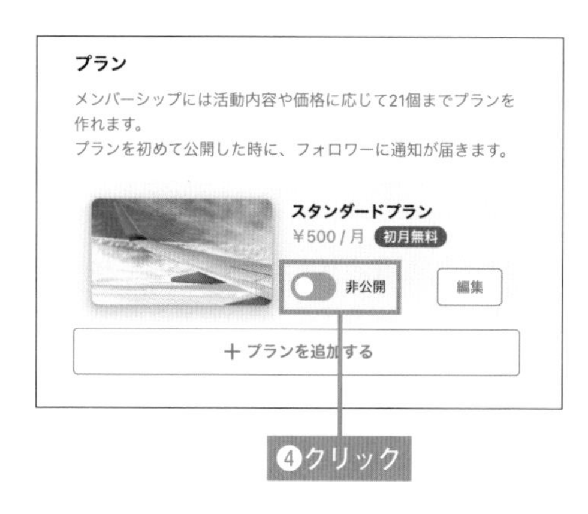

4 「公開する」をクリック

「プランの公開後、フォロワーに通知が届きます。」というポップアップが表示されるので、「公開する」をクリックします(❺)。

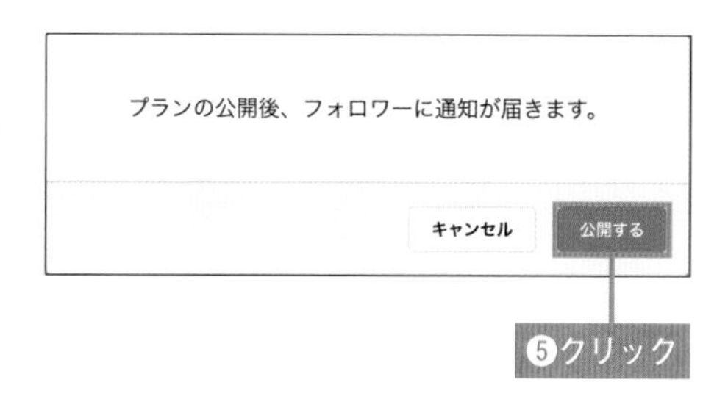

5 メンバーシップの公開完了

メンバーシップのページが公開されます(❻)。

Column

メンバー加入前の人からの見え方

メンバーシップページの「掲示板」「記事」「マガジン」のいずれかのタブをクリックすると、「未加入者向けのページを表示する」というボタンが画面右側に表示されます。これをクリックすると、メンバー加入前の人がメンバーシップページを訪れた時のページの様子を見ることができます。このページでは、次の項目が表示されますが、掲示板などの中身はメンバー以外読むことができません。

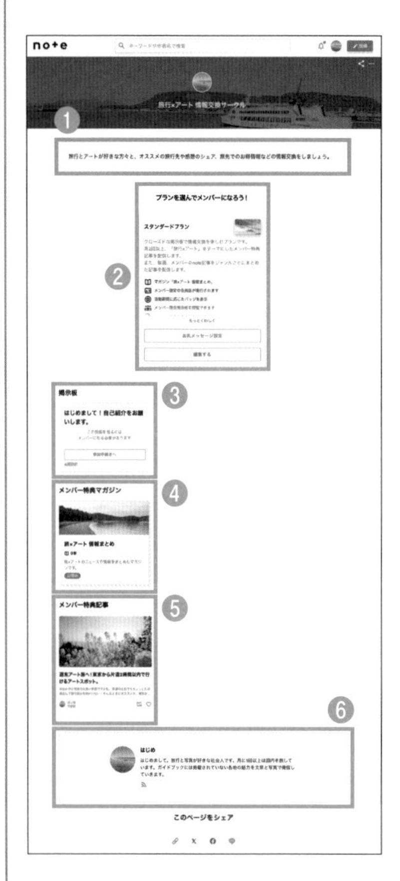

図の位置	項目	解説ページ
❶	メンバーシップ情報	09-04 →P.173
❷	プラン	09-04 →P.174
❸	掲示板	09-06 →P.180
❹	特典マガジン	09-08 →P.186
❺	特典記事	09-07 →P.182
❻	オーナーのプロフィール	02-03 →P.26

あなたのことを何も知らない人が、このメンバーシップページを訪れたときに、説明は十分でしょうか？　メンバーシップの説明を充実させたり、売りになる特典を目立たせたり、そのメンバーシップのことについて書いた記事を固定表示したりと、初めてこのページを訪れた人が興味を持つように工夫してみましょう。

Chapter

10

noteを通じて仕事の依頼を受けよう

noteで直接課金をするだけでなく、noteで活動をPRすることによって、文章の執筆やイラスト、講演会などの仕事を受けるのにつなげることができます。この章では、仕事を受けるための準備やポイントを紹介します。

10-01 仕事の依頼を受けるしくみを確認しよう

フリーランスや副業として仕事を募集したい際に、noteを活用することができます。まずは、どのような仕事が考えられるのか、また、どのようなフローで仕事をするのかを確認しましょう。

noteを通じて依頼を受ける仕事の例

noteを使ってさまざまな仕事を受けることができますが、たとえば、次のケースが考えられます。あなたのやりたいことと照らし合わせ、イメージを固めましょう。

webサイトや書籍へのコンテンツ提供

たとえば、ライターや漫画家、または特定の分野に詳しい専門家として、ウェブサイトや書籍にコンテンツを提供します。小説やエッセイ、ビジネス書など、noteがもとになった書籍が毎月何冊も発売されています。

講演会やワークショップの講師

特定のテーマやスキルについての深い知識と経験を持つ専門家として、講演会やワークショップの講師の依頼を受けることも考えられます。

noteでのPR記事作成

多くのフォロワーを持つ場合、PR記事の形式で、noteの中で第三者の依頼によって記事を書くことも考えられます。この際の注意事項は10-07（P.208）も参照してください。

noteで仕事を受けるフロー

noteで仕事を募集して、仕事を受け、報酬を受け取るまでのフローを確認しましょう。

①「プロフィール」や「記事」で、できること・やりたいことを紹介する

まずは、「プロフィール記事」(07-04→P.130)や無料記事で、あなたができること・やりたいことを発信し、多くの人に見てもらいましょう。
たとえば、小説家や漫画家などのクリエイターならば自身の作品をアップしたり、特定の分野の専門家ならばその分野についての記事やノウハウを発信したりしてみましょう。

ある程度の頻度で更新を続けることも心がけましょう。

②「仕事依頼」記事で仕事を募る(10-02 ～ 10-03 → P.198 ～ P.201)

続いて、あなたが仕事を募集していることを読者に伝えるための記事を作成しましょう。noteでは、任意の記事を、仕事依頼の記事としてクリエイターページに表示ができます。

③クライアントから依頼を受ける(10-04 → P.202)

仕事依頼の記事に記載したお問い合わせ先や、noteの「クリエイターへのお問い合わせ」機能を使ってクライアントから仕事の依頼を受けます。
なお、このように仕事を受ける場合、noteへの仲介料やプラットフォーム使用料などはかかりません。

「クリエイターへのお問い合わせ」機能

④仕事を行い、クライアントから直接報酬を得る

以降は、メールなどを使って直接クライアントとやりとりします。業務内容に合意した上で仕事を遂行し、任意の方法で報酬を受け取りましょう。
この段階ではnoteは関与せず、自己責任となります。トラブルに注意して(10-06→P.206)仕事を遂行していきましょう。

10-02 仕事依頼の記事を設定しよう

note を使って仕事を募るイメージが固まったら、仕事依頼の記事を書いて、自分のクリエイターページの「仕事依頼」のタブに設定しましょう。

仕事依頼の記事を設定する

1 記事を作成

仕事依頼の記事に設定したい記事を作成し、公開します(❶)。

2 「仕事依頼として表示」をクリック

タイトル下の…をクリックし(❷)、「仕事依頼として表示」をクリックします(❸)。

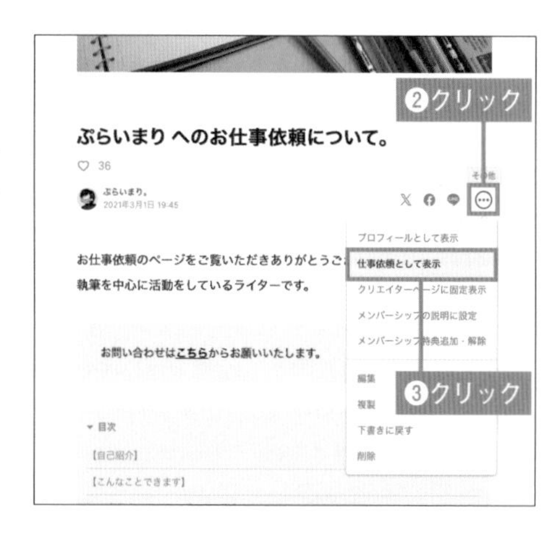

3 ポップアップが表示

「この記事を仕事依頼としてメニューに表示します。よろしいですか?」というポップアップが表示されるので、「OK」をクリックします(❹)。

「仕事依頼に表示しました」と表示が変わるので、「閉じる」をクリックして(❺)、ポップアップを閉じます。

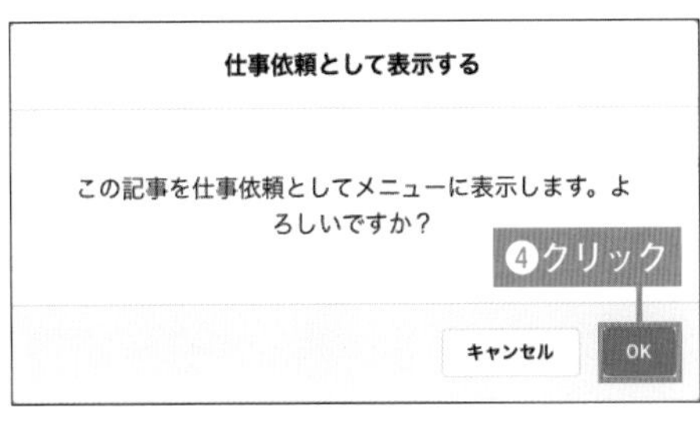

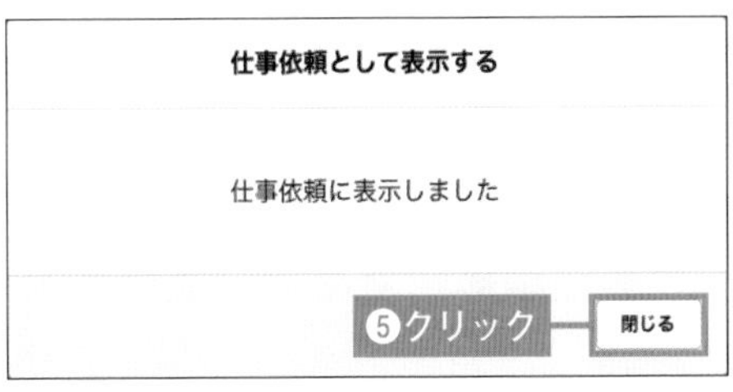

4 「仕事依頼」をクリック

クリエイターページの「仕事依頼」のタブをクリックします(❻)。

5 記事を確認

設定した記事が開きます(❼)。

❼仕事依頼の記事が開いた

10-03 仕事依頼に書く内容を考えよう

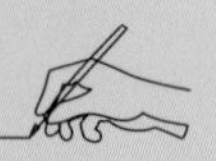

仕事を募集したい場合、仕事依頼の記事にはどのようなことを書くとよいでしょうか？　依頼する側に立って、あなたが仕事を依頼したり、協力者を探したりするときに、どのような情報がほしいか考えてみましょう。

仕事依頼の記事に書く項目の例

仕事依頼の記事を「誰に向けて書くのか？」「自分はどんな仕事がしたいのか？」を意識しながら、たとえば次のような項目を入れるとよいでしょう。

プロフィール

自分自身について、かんたんに紹介します。略歴や仕事を受けたい分野、経験などについても、まとめられているとよいでしょう。

できること・やりたいこと

あなたは何ができ、どんな仕事を受けたいのかを書きましょう。「ライター」を探しているクライアント、「イラストレーター」を探しているクライアントなどに検索して見つけてもらいやすいよう、受けたい仕事をキーワードとして入れるとよいでしょう。

ポートフォリオ・実績

あなたが制作した作品を簡潔にまとめましょう。過去の受注実績が公開できる場合、実績も記載するとクライアントも仕事を依頼しやすくなります。仕事の実績がない・公開できない場合は、noteの記事（作品）をまとめてポートフォリオにするのもよいでしょう。

連絡先

興味を持ったクライアントが、あなたに連絡を取るための方法を記載しましょう。連絡先については、10-05（P.204）で詳しく紹介します。

さらに付け加えたい項目

また、受けたい仕事や、あなたの経験に応じて、次のような項目を入れるのもよいでしょう。

報酬の相場

報酬の相場が決まっている場合、その内容を記載してもよいかもしれません。相場について記載があれば、クライアント側でも依頼のハードルが下がります。

保有資格・スキル

受けたい仕事に対しての専門性の高さを示すことができる保有資格や、仕事を遂行するのに有利なスキル（能力や使用できるツール）があれば、積極的にアピールしましょう。

対応可能な業務

たとえば、一言で「ライター」といっても、「現地取材」や「インタビュー」ができるのか、SEO記事の作成もできるのか、撮影もできるのかなど、さまざまです。対応できる業務について詳しく書くと、仕事の幅が広がるかもしれません。

SNSアカウント

フォロワーが多い方なら、SNSアカウントを示すことで、その影響力を考慮した仕事の依頼が入るかもしれません。

10-04 仕事の依頼を意識して記事を書こう

note で仕事のパートナーを探す場合、どんな仕事依頼の記事なら安心して依頼できるか、読む側の立場に立って作成しましょう。

仕事依頼の記事を書くときに意識すること

仕事依頼の記事を書くときには以下の点を意識しましょう。

検索にかかるキーワードを入れる

noteで仕事を受けたい場合、仕事のパートナーを探しているクライアントに見つけてもらうことから始まります。仕事依頼には、やりたい仕事に関するキーワードを入れましょう。
クライアントの側だったらどんな言葉で検索するか、「ライター　仕事　依頼」「フォトグラファー　ポートレート　都内」など、具体的に考えてみましょう。

要点を簡潔に書く

クライアントは、多くのクリエイターのnoteを比較して依頼するクリエイターを探します。箇条書きにするなど、要点がわかりやすいように簡潔に書きましょう。

連絡先はわかりやすく掲載する

「この人に仕事を依頼したい」とクライアントに思ってもらえても、どこに連絡してよいかわからなければ先につながりません。メールアドレスなどの連絡先をわかりやすい場所に入れることを心がけましょう。10-05（P.204）で詳しく説明します。

Column

編集者は「仕事依頼」のココを見る

クライアントの立場の方は、noteを通じて仕事を依頼する際、実際にはどういったところに注目しているのでしょうか？　一例として、本書を担当された編集者の方に伺ってみました。

Q. たくさんのnoteクリエイターの中から、どうやってクリエイターを探すのでしょうか？

おおまかな検索として「ライター 仕事 依頼」のようなワードで検索し、検索結果から「更新頻度」「フォロワー数」でさらに絞ります。数人になったところで、記事の内容で最終判断を行います。

Q. プロフィール、仕事依頼の記事は重視しますか？

真剣にライティングの仕事について考えているかの判断に利用します。

Q. 普段の記事の更新頻度や質も重要ですか？

「更新頻度が高い＝執筆活動に意欲がある」と考えますし、文章の内容（質）は人柄を表しているので、重要です。

Q. そのほか、こんなところを確認するというポイントがあれば教えてください。

フリーランスや副業の活動の一環として、ライティングを考えているnoteクリエイターは多いです。ただし、出版社の編集もプロですので、「とりあえず執筆の仕事依頼を載せておきました」程度の内容では、仕事の依頼はしないと思います。
仕事を依頼しても失敗しないかを判断するのは、結局は普段のnote上での活動に帰着します。

あくまでも一例であり、重視する点は分野によっても異なると思いますが、クライアント側が重視しているポイントを気にかけてみましょう。

10-05 問い合わせの動線を作ろう

note で仕事を受ける際、大切なことの１つに、連絡先はわかりやすく掲載することがあります。連絡先はどのように記載すればよいのでしょうか？　メールアドレスを記載したくない場合も含め、連絡先の設定方法を紹介します。

「問い合わせ先」には何を使えばよい？

メールアドレス・電話番号を記載する

まずは、メールアドレスや電話番号を、仕事依頼の記事中に記載する方法があります。クライアントにとっても連絡をとりやすく、わかりやすい方法です。仕事専用のアドレスを用意するとよいでしょう。

お仕事の依頼は下記からお願いします。
email：XXXXX_XXXXX@email.co.jp
TEL：000-0000-0000

「クリエイターへのお問い合わせ」を活用する

noteの「クリエイターへのお問い合わせ」機能では、メールアドレスを公開しなくても、noteの登録時に設定したアドレスに直接問い合わせが届きます。仕事依頼の記事中にリンクを入れるのもよいでしょう。

フォームを活用する

googleフォームなどのフォームを活用するのもよいでしょう。お問い合わせの項目を自分で設定できるので、ギャラや納期のイメージなどを事前に確認したい場合、アンケート項目として入れておくことで、クライアントとの条件すりあわせの手間も低減できます。

お問い合わせフォーム
仕事依頼はこちらからお願いします。
お問い合わせ内容をご記入ください。 *
記述式テキスト（長文回答）

「クリエイターへのお問い合わせ」のリンクを挿入する

1 「クリエイターへのお問い合わせ」をクリック

自分のクリエイターページ(もしくは自分の記事)の最下部までスクロールし、フッターにある「クリエイターへのお問い合わせ」をクリックします(❶)。

2 URLをコピー

あなたへのお問い合わせページが表示されることを確認し、URLをコピーします(❷)。

なお、この画面で、あなたのメールアドレスが表示されますが、「送信者」としてのURLが表示されている状態であり、不特定多数にアドレスが開示されるわけではありません。

3 記事にURLを挿入

仕事依頼の記事中にURLをペーストして(❸)、Enterキーを押すと、「クリエイターへのお問い合わせ」へのリンクがカードとして埋め込まれます(❹)。

なお、カードにならない場合は、ブラウザのキャッシュの削除や端末の再起動、URLをテキストエディタにペースト後にテキストエディタからコピー&ペーストを行うなどを試してみてください。

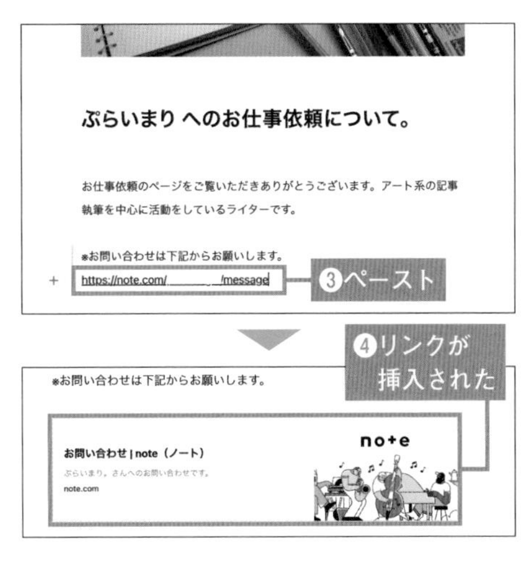

10-06 トラブルに気を付けよう

noteで仕事を受けたあとに、クライアントや読者とのトラブルを避けるためにはどうしたらよいでしょうか？　noteを通じて仕事を受けた際に気を付けるべきことを紹介します。

仕事を始める前にクライアントとしっかり話をする

noteを通じて仕事を受けることはできますが、noteは「クラウドソーシングプラットフォーム」ではありません。noteを仕事募集のために使用しても手数料は取られませんが、noteはクライアントとの仕事にはかかわらないので、自身で管理をする必要があります。

担当者と連絡が取れなくなる、支払いが行われないなどのトラブルが起こらないよう、仕事のオファーを受けたら、担当者とよく話し合って認識をすりあわせ、必要に応じて契約も結んだ上で仕事を開始しましょう。

クライアントと確認すべきこと

文章のライティングやイラストの制作、講演会への出演など、仕事の内容によっても異なりますが、次のような内容は事前にクライアントとすりあわせるのがよいでしょう。

仕事のスコープ

- 仕事の目的は何ですか？
- 成果物は何ですか？
- 成果物はどこで（何の媒体で）使用されますか？
- 納期はいつまでですか？

支払い条件

- 報酬はいくらですか？
- 報酬はいつ支払われますか？
- 報酬はどのように支払われますか？

著作権の帰属

- 作品の著作権は誰に帰属しますか？

作品の改変・転用可能性

- 作品が改変される可能性はありますか？
- 作品が別の場所に転用される可能性はありますか？

守秘義務

- 業務内容で守秘義務の発生する項目はありますか？

クライアント

- 発注者の連絡先、担当者
- 大本となるクライアントの連絡先、担当者（クライアントと発注者が異なる場合）

10-07 PR記事を書く際に気を付けよう

noteで記事を書いている読者の中には、仕事としてPR記事を書くこともあると思います。その際には、クリエイターとしての信頼性を保つために、次のような注意がnoteのガイドラインとして表明されています。

noteにPR記事を書くときの注意点

PR記事を書く際には、以下の2点に気を配りましょう。

①主体と便益を明示する

寝る前に飲んでも翌朝までぐっすり。カフェインレスコーヒーyururuで夜のひとり時間が楽しくなった話。

今回、ありがたいことにyururu coffeeからカフェインレスコーヒーyururuをいただいたので、PR記事として書くことになりました。

コーヒーが大好きだけど、カフェインに敏感で、午後に飲んだら全然寝付け

「誰から依頼されたのか(主体)」「何を提供されたのか(便益)」を本文中のわかりやすい場所に明示しましょう。
例として、次のような書き方が推奨されています。

(例)
"この文章は、〇〇〇(依頼主)からの依頼により書きました。"
"今回、ありがたいことに〇〇〇(依頼主)から新商品をいただいたので、スポンサー記事として書くことになりました。"　など

②ハッシュタグ

ハッシュタグ

#プロモーション ×　ハッシュタグを追加する

noteでは記事にハッシュタグを設定できますが、依頼されて作成した記事の場合「#プロモーション」「#PR」などのハッシュタグを設定することが推奨されています。

Chapter

11

noteを通じて商品の販売につなげよう

noteはECサイトと連携することができます。また、記事を通じて商品やサービスの販売につなげる、コンテンツマーケティングのためのプラットフォームとして活用することができます。この章では製品やサービスの販売につなげる方法を紹介します。

商品を販売するしくみを理解しよう

ハンドメイド作家やEC事業者、小売店や飲食店なども、製品やサービスの販売にnoteを活用することができます。どのような事業者が活用できるのか、また、どういったフローで販売ができるのかを考えてみましょう。

noteをきっかけに製品・サービス販売ができる職種の例

noteを活用し、さまざまな商品の販売につなげることができます。たとえば、次のような職種での活用方法が考えられます。

ハンドメイド作家、クラフト作家

STORESやminneなどのプラットフォームをnoteと連携させることができます。note上でこれらのプラットフォームで販売している製品の一覧を表示しましょう。また、創作過程や大切にしていることをnoteの記事で発信することでファンを増やすこともできます。

デザイナー、イラストレーター

note for shoppingの機能は、suzuriなどのサービスと連携しているため、自身でデザインしたグッズを、noteを経由して商品の販売につなげることができます。noteの記事で作品を発表してファンを増やし、グッズの販売につなげるのもよいでしょう。

ECサイトのオーナー

ECサイトとの連携や、note for shoppingによって、noteを経由して商品の販売につなげることができます。noteの記事で商品のストーリーを深く語れる点が魅力です。

小売店事業者

STORESやBASEなどのECサイトと連携し、オンラインでの商品販売につなげることができます。また、実店舗ならではの情報をnoteで発信することで、店舗への来客の促進につなげることも考えられます。

noteで製品を販売するフロー

noteで製品を販売するためのフローを理解しておきましょう。次ページからは具体的な操作について解説します。

順番	項目	内容
❶	外部のサービスでECサイトを開設	STORESやminne、BASEなどのプラットフォームでECサイトを開設しましょう。noteと連携できるプラットフォームについては、11-02（P.213）で紹介しています。
❷	noteとECサイトを連携 →11-02（P.212）	一部のECサイトは、noteと連携し、自身のクリエイターページの「ストア」のタブに商品の一覧を表示することができます。
❸	プロフィールや記事で製品を紹介 →11-03～11-04（P.214～P.218）	noteを通じてお店や商品のことを知ってもらうために、プロフィールの記事（07-04→P.130）を設定します。 また、新たなファンを増やすために、日頃から定期的に記事を更新していきましょう。
❹	外部サイトへ誘導し、商品を販売	noteを経由して商品の販売行為が行われても、noteに対しての手数料は発生しません。

11-02 noteをECサイトと連携させよう

STORESやminne、BASEなどのプラットフォームで商品を販売しているクリエイターは、「ストア」のタブで自分のクリエイターページに商品の一覧を表示することができます。

「ストア」のタブを設定する

1 RSSを取得

各プラットフォームのRSSのURLを取得します(❶)。対応可能なプラットフォームと、各プラットフォームでの取得方法については、次ページの【ワンポイント】で紹介します。

❶RSSを取得する

2 「設定」をクリック

自分のクリエイターページにアクセスし、「設定」をクリックします(❷)。

❷クリック

3 「ストアタブ」にURLを入力

設定画面の「ストアタブ」に、**1**で取得したRSSのURLをペーストし(❸)、右下にある「保存」をクリックします(❹)。

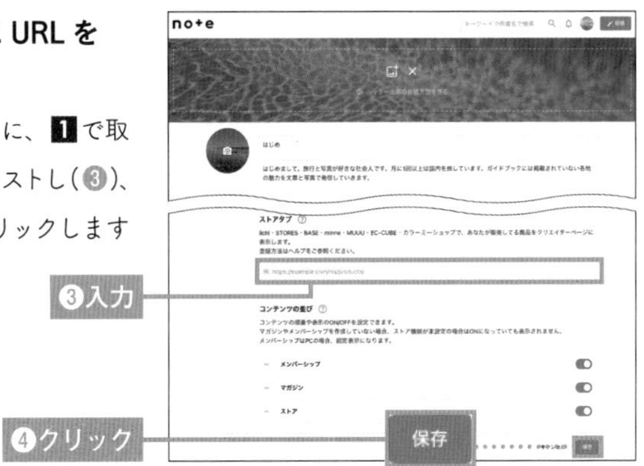

4 商品一覧の表示完了

クリエイターページに「ストア」のタブが表示され、自身の商品一覧が表示されます(❺)。

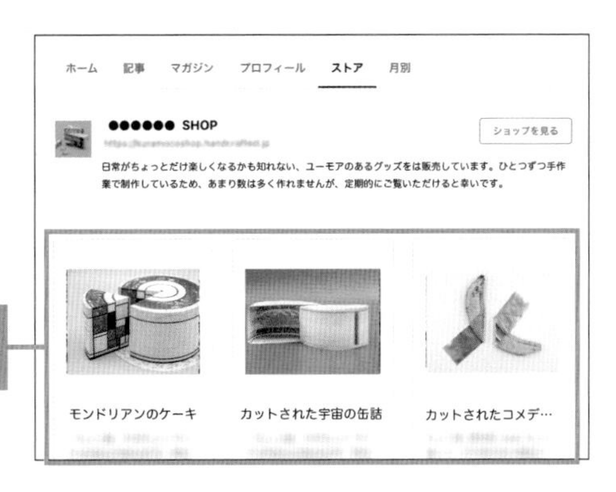

ワンポイント

ストアタブに設定できるプラットフォームと各プラットフォームRSSのURL取得方法

2023年10月現在、noteでは右の表のプラットフォームと連携し、「ストア」のタブを表示することができます。

最新版のプラットフォーム一覧と、プラットフォームごとのRSSのURL取得方法については、右のQRコードのリンク先で紹介されています。

「ストア」タブに表示することができるプラットフォーム
STORES
minne
BASE
iichi
MUUU
EC-CUBE
カラーミーショップ

11-03 note for shoppingで商品を宣伝しよう

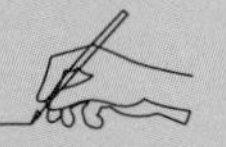

note for shoppingとしてECプラットフォームの商品URLをnoteの記事に埋め込むと、店舗名、商品名、価格などが表示された商品カードが表示されます。この機能を使って商品を紹介する記事を作成しましょう。

note for shoppingを活用した記事を作成する

1 商品についての記事を作成

まずは紹介したい商品について触れた記事を、テキストの記事で作成します(❶)。

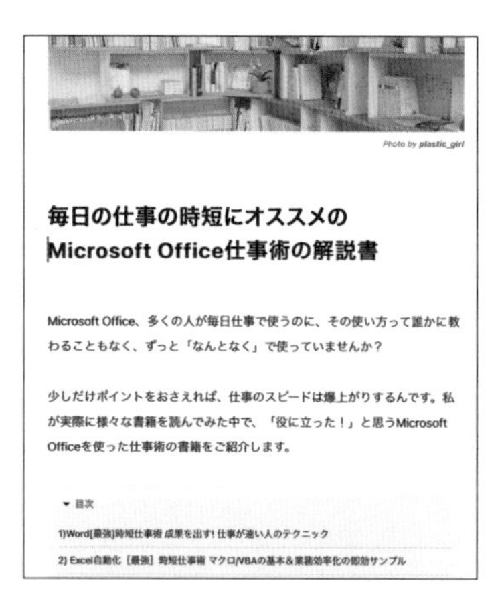

❶テキスト記事を作成する

2 URLをコピー

noteへの埋め込みに対応しているECプラットフォームで、紹介したい商品のURLをコピーします(❷)。

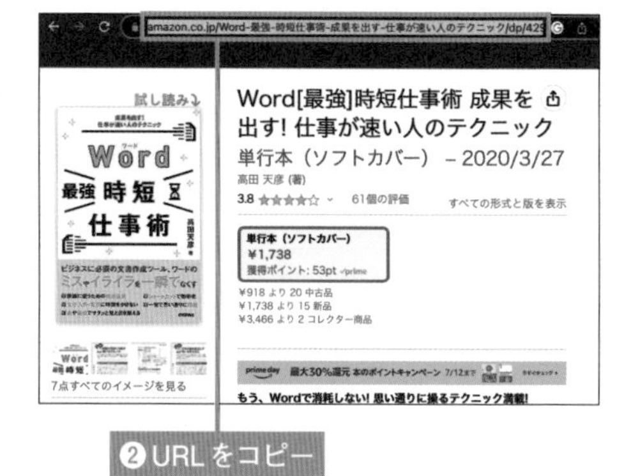

❷URLをコピー

3 URLをペースト

テキストの編集画面の埋め込みたい場所にURLをペーストします(❸)。

3) PowerPoint［最強］時短仕事術 もう迷わない！ひと目で伝わる資料作成

4) Python最速データ収集術

1)Word[最強]時短仕事術 成果を出す! 仕事が速い人のテクニック

まずはWordは、こちらの書籍がオススメです。

www.amazon.co.jp/dp/4297112728

「文字の位置を思い通りに揃えられない……」「画像を挿入すると、レイアウトが崩れてしまう……」毎日のWord業務で発生するそんなちょっとしたイライラを解消できました。

オススメのポイントとしては、以下です。

❸URLをペースト

4 カードの埋め込みが完了

Enterキーを押すと、商品カードが埋め込まれます(❹)。
なお、カードにならない場合は、ブラウザのキャッシュの削除や端末の再起動、URLをテキストエディタにペースト後にテキストエディタからコピー&ペーストを行うなどを試してみてください。

1)Word[最強]時短仕事術 成果を出す! 仕事が速い人のテクニック

まずはWordは、こちらの書籍がオススメです。

❹商品カードが埋め込まれた

ワンポイント

note for shoppingに対応しているECプラットフォーム一覧

2023年10月現在、次のECプラットフォームがnote for shoppingに対応しています。

note for shoppingに対応しているプラットフォーム		
EC-CUBE	カラーミーショップ	Yahoo!ショッピング
iichi	SUZURI	BASE
ebisumart	STORES	minne
おちゃのこネット	Shopify	Amazon
KATALOKooo	futureshop	MUUU
Creema	MakeShop	

11-04 商品の販売につながる記事を考えよう

ここまででnoteを経由した商品販売のしくみができました。それでは、実際に記事を読んでもらい、商品の販売につなげるにはどうしたらよいのでしょうか？

noteを通じた販売はコンテンツマーケティング

noteを通じて商品を販売するのは、読者があなたのnoteに興味を持ち、ファンになることで購入につなげる、コンテンツマーケティングといえるかもしれません。

noteの記事で商品のよさのアピールを続けるだけでは、なかなか新しいファンの獲得にはつながらないもの。

コンテンツマーケティングは、価値のある情報の提供を通じて、読者を惹きつけ、ファンを増やすなどのビジネスの目的を達成するマーケティング手法です。

少し遠回りのようですが、役に立つコンテンツや面白いコンテンツを作成して、読者に価値を提供することを心がけ、コンテンツの一部として、製品やサービスをさりげなく宣伝していきましょう。

noteの記事には何を書いたらよいか

コンテンツマーケティングでファンを増やすには、読者にとって価値があり、魅力的で、親しみやすいコンテンツを制作することが大切です。noteを読んでいるときに目に留まりやすい記事の例を挙げます。

商品に関連するハウツー記事

やはり役に立つハウツー記事は目に留まりやすいもの。商品に関連するハウツーや、作家さんの場合には、制作にまつわるハウツーを紹介するのもよいでしょう。

制作過程や開発秘話

販売している商品の制作工程や、作品を作るための苦労、技術を読者に紹介しましょう。ストーリーとして楽しむコンテンツになるのと同時に、それを読んであなたの商品を購入した人が、より商品を大切にしたくなるでしょう。

誰もが安心して食べられるアイスをつくりたい。●●堂の「卵・乳アレルギー対応アイスクリーム」ができるまで。

開発秘話を伝える記事のイメージ

業界のトレンド

あなたが販売したい商品の業界トレンドや、その季節の流行などについて書きましょう。

お店ができるまでのストーリー

お店を開業するまでのストーリーは読み物の意味でも、ハウツーの意味でも楽しめるコンテンツです。
開業までの苦労や、工夫した点、個人的なエピソードは、読者との絆も深めます。

移動式フラワーショップ 開業までの道のり(1) わたしがこの街に花屋をひらきたいとおもった理由。

開業までのストーリーを伝える記事のイメージ

商品に関連する「#買ってよかったもの」やオススメの紹介

「#買ってよかったもの」は、目に留まりやすいハッシュタグです。
自身の商品だけでなく、同業他社の商品もオススメすると、「本当によいものを紹介している」と信頼もアップします。

商品販売につなげる記事を書く上で気を付けること

商品販売につなげるためにnoteに記事を書いていく際、どのようなことに気を付けたらよいのでしょうか？　一般的に、コンテンツマーケティングで気を付けることをnoteに照らし合わせて考えてみましょう。

読者のことを知る

あなたの商品のターゲットはどのような方でしょうか？　その方に響くのはどのような情報なのか、逆に、書かない方がよいのはどんな内容なのかを常に気に留めておきましょう。

質の高い記事を発信する

ある程度の頻度での発信は必要ですが、X(旧twitter)などと比べ、

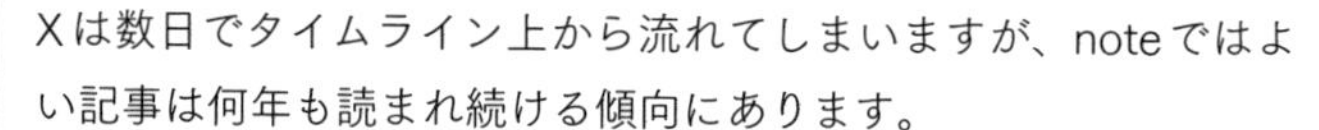
noteは量より質を重視したほうがよいでしょう。

Xは数日でタイムライン上から流れてしまいますが、noteではよい記事は何年も読まれ続ける傾向にあります。

SEO対策を行う

プラットフォーム内からだけでなく、googleなどの検索からも流入します。あなたが売り込みたいものについて、関連キーワードを調査し、コンテンツに組み込みましょう。

SNS連携してコンテンツを宣伝する

noteにも、オススメ機能はありますが、Xなどと比較すると拡散力は低いです。XやInstagramなどと連携し、記事を更新したら、そのことを周囲に宣伝しましょう。

Chapter

12

noteを多くの人に届けよう

noteの運用を始めると、思ったようにアクセスが伸びずに悩むこともあるかもしれません。そんなとき、どのような対応をすればよいのでしょうか？　noteを多くの人に届けるための工夫について考えてみましょう。

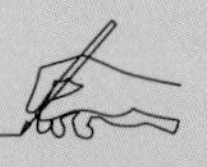

12-01 多くの人に届ける方法について考えよう

せっかく書いたnote、多くの人に読んでもらいたいですよね。多くの人に届けるためにできることについて考えてみましょう。

現状を確認する

ここまでにあなたが書いた記事の中で、どのような記事が人気なのかを確認しましょう。どんなテーマの人気があるのか、PV数に対しての「スキ」や「コメント」の数はどうかといった観点で確認しましょう。

現状を確認する方法

・アクセス状況を確認する（12-02→P.222）

定期的に記事を更新する

ある程度の頻度で更新を続けることも大切です。記事のストックができることで、ページを訪問した人に対して信頼を与えることもできます。

多くの人に読まれる記事を書く方法

・思わずクリックしたくなるタイトル・見出し画像を作る（12-03→P.224）
・読みやすい記事を作る（12-04→P.230）

note内でアクセスのきっかけを作る

note内で自分の記事を直接的に宣伝する方法はありませんが、フォロワー以外の目にも留まる機会を増やしたり、ほかのクリエイターからnote内のほかのユーザーに宣伝してもらったりする方法があります。

note内でアクセスのきっかけを作る方法

- 相互フォロー・スキ・コメントで交流する（12-05→P.234）
- お題やコンテストに投稿する（12-06→P.236）
- みんなのフォトギャラリーに写真を提供する（12-07→P.238）
- 記事をオススメする（12-08→P.242）

note外からのアクセスのきっかけを作る

note自体は拡散する能力は小さいので、ほかのSNSと連携して、noteユーザー以外にも記事を宣伝していきましょう。

note外からのアクセスのきっかけを作る方法

- SNSを使ってnoteを宣伝する（12-09→P.244）

有料メニューを活用する

noteには、個人向け、企業･法人アカウント向けにそれぞれ有料の機能があります。有料メニューを使いこなすことで、集客につなげられるかもしれません。有料メニューについては、Chapter 13で詳しく解説します。

noteの有料メニューの活用方法

- noteプレミアムを活用する（13-01→P.250）
- note proを活用する（13-06→P.268）

12-02 アクセス状況を確認しよう

まずは、あなたの記事がどのくらい読まれているのか、また、どの記事が人気なのかを確認しましょう。noteでは、ダッシュボードでアクセス数を確認することができます。

アクセス状況を開く

1 「ダッシュボード」をクリック

自身のアイコンをクリックし(❶)、表示されるメニューから「ダッシュボード」をクリックします(❷)。

2 アクセス状況の表示

ダッシュボードの「アクセス状況」が表示されます(❸)。

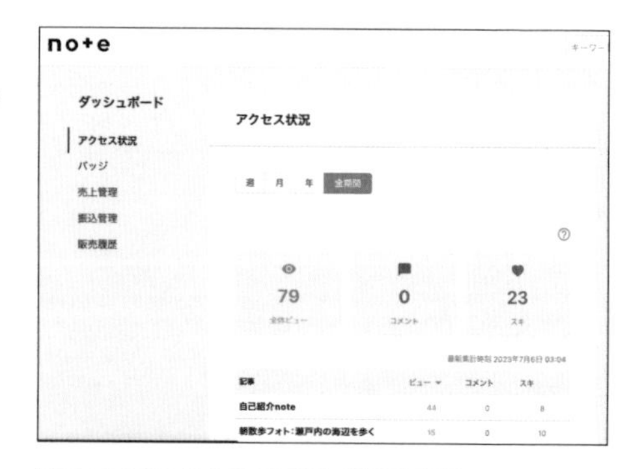

❸「アクセス状況」が表示された

アクセス状況の画面について

アクセス状況の画面の構成について説明します。

図の位置	項目	内容
❶	期間	アクセス状況を表示する期間を、週、月、年、全期間で切り替えて確認することができます。確認したい期間をクリックします。
❷	全体ビュー	❶で指定した期間中の記事ページへのアクセス数と、記事がタイムラインなどのページに表示された回数の合計が示されます。
❸	コメント	指定した期間中に自分の記事に付いたコメント数の合計が表示されます。
❹	スキ	指定した期間中に自分の記事に付いたスキ数の合計が表示されます。
❺	記事ごとのアクセス状況	1記事あたりのビュー、コメント、スキの数が示されます。
❻	表示順の切り替え	「ビュー」「コメント」「スキ」をクリックすると、クリックした指標を基準に多い順に記事が並べ替えられます。

12-03 思わずクリックしたくなる記事を考えよう

note内には多くの記事が並んでいます。多くの記事の中から、思わずクリックしたくなってしまう記事はどのようなものでしょうか？　noteのトップページで記事が並ぶ中、目に付きやすいタイトルと見出し画像について考えてみましょう。

魅力的なタイトルを付ける

伝わりやすいタイトルの構文として、note編集部では次のような構文を挙げています。

結論を伝える

〇〇を△△したら□□になった

具体的にする

〇〇なわたしがやっている△△個の□□

2文で要約する

〇〇は△△なのか？　□□さんに聞いたら××がわかった

こうした構文を活用した上で、次ページで紹介するポイントから記事に合ったものを取り入れてみると、より魅力的なタイトルになるでしょう。

魅力的なタイトルの付け方のポイント

下記のようなポイントから、記事に合うものを取り入れてみましょう。

具体的なシチュエーションが伝わるように書く

具体的な状況が伝わると、読者は自分自身をその場面に投影しやすくなり、記事を読む動機になります。
例：「子どもの自然な笑顔を引き出して撮影する5つの秘訣」「雨の日に、カフェで読みたい5冊の本」

子どもの自然な笑顔を引き出して撮影する5つの秘訣

数字を使う

数字があると、読者が記事を読んで得られる効果を想像しやすくなります。また、ポイントが整理されるので、クリックするハードルも下がります。
例：「1年で200店のパン屋を巡った私のオススメパン屋ベスト10」「実践して効果のあった、Eコマースの売上をupさせる5つの方法」

1年で200店のパン屋を巡った私の オススメパン屋ベスト10

記事を読んで得られる価値を伝える

読者が記事を読むことで得られる価値を明確にします。読者は記事を読むことで自分の問題を解決したり、欲求を満たしたりできると感じるでしょう。
例：「テレワークが段違いに快適になった オススメ100均グッズ」「この3点さえ押さえれば、格段に「伝わる」パワーポイントに」

テレワークが段違いに快適になった オススメ100均グッズ

メディアを明確にする

noteはテキストだけでなく、写真や音声といった複数のメディアがあるのが特徴です。
【漫画】【フォトレポート】などのように、メディアを明確にすることで、そのメディアを求めている読者に届きやすくなります。

【フォトレポート】太陽の塔の内部って、今はどうなってるの？

例：「【フォトレポート】太陽の塔の内部って、今はどうなってるの？」「【漫画】30代女子、初めて歌舞伎を観に行ってみたらイメージが変わりすぎた話」

読者層を意識する

ターゲットを明確に示すと、読者は、自分に向けて書かれた、自分にとって価値ある情報であることに気付きやすくなります。

例：「この春からの社会人に送る、上司に報告する前のチェックリスト」「大学生必見：試験前にやるべき最適な学習方法」

この春からの社会人に送る、上司に報告する前のチェックリスト

意外性のある言葉の組み合わせを使う

一般的なイメージとは異なったり、一見関連のないような言葉やコンセプトの組み合わせは、読者の好奇心を引き出すことができます。

例：「雨の日こそカメラを持って出かけよう」「読書と筋トレの合わせ技で創造性を高める方法」

雨の日こそカメラを持って出かけよう！

魅力的な見出し画像を設定する

もう1つ重要なのは、見出し画像です。記事の内容が伝わる見出し画像はできるだけ入れたほうがよいでしょう。

noteのテキスト記事の編集画面の見出し画像の編集をクリックすると、4つの方法が表示されるので、自分に合った方法を選びましょう。

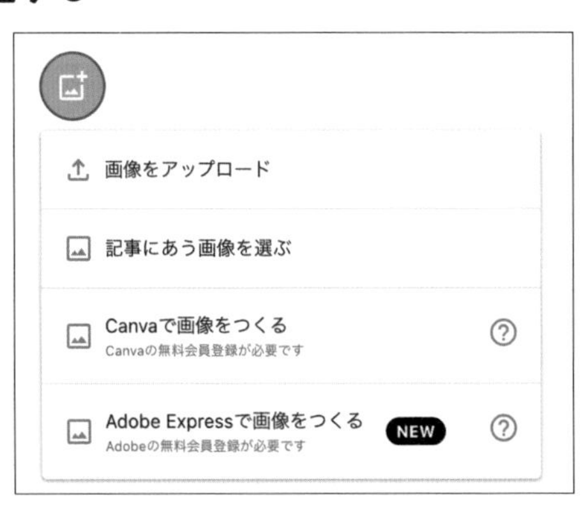

画像をアップロード

自分で撮影した画像や、自分でデザインした画像をアップロードする方法です。自分のイメージにぴったり合う画像を使うことができ、記事の内容をより視覚的に伝えることができます。

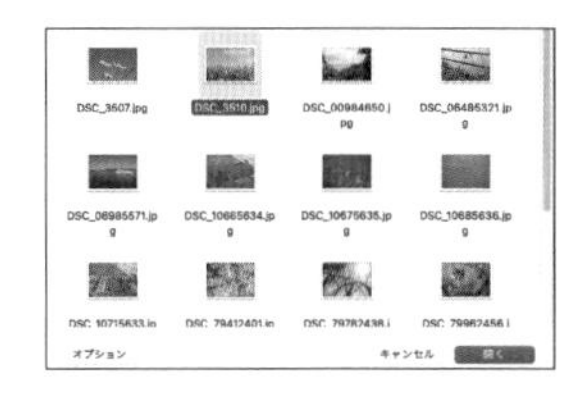

記事に合う画像を選ぶ

ほかのクリエイターがアップロードした画像から画像を選択し、見出し画像に設定できます。自分で画像を撮影したり作成したりする手間がなく、気軽に質の高い画像を使用することができます。

Canva で画像を作る

テンプレートを活用し、デザインスキルがない人でも、手軽に美しい見た目の画像を作成することができます。自分の記事にあった内容にカスタマイズすることができるのも魅力です。

Adobe Express で画像を作る

テキストを入力するだけで、画像生成AIによって、イメージに合った画像をかんたんに生成することができます。「写真」や「グラフィック」など、テイストを変更して作成することも可能です。
また、100種類以上のnote専用テンプレートをベースに、カスタマイズを行うこともできます。

魅力的な見出し画像を作るポイント

魅力的な画像にするためには、次のポイントに注意しましょう。

記事で伝えたい内容を意識する

見出し画像も、タイトルと同様に記事のテーマやメッセージを視覚的に表現するためのものです。記事で伝えたい内容を意識し、それを反映する画像を選択しましょう。

【都内】ゆったり読書を楽しめる、わたしのお気に入りカフェ 5選

【都内】ゆったり読書を楽しめる、わたしのお気に入りカフェ 5選

素敵なカフェを探しているターゲット読者にとっては、右のほうが記事を読むベネフィットが伝わりやすいですね。

色数は使いすぎない

カラフルな画像は魅力的で目を引きますが、色を使いすぎると散漫な印象になり、メッセージも伝わりにくくなります。2～3色を主色とし、それをもとに一貫性のある色にしましょう。

左側も目を引きますが、インパクトが強すぎてメッセージが伝わりづらくなります。

高解像度の画像を大きく使う

見出し画像に大きな写真を使うと、ぱっと見た時のインパクトが大きくなります。小さい写真を複数配置するのが効果的な場合もありますが、複数のサムネイルが並んだ場合にも、それが何かわかるくらいのサイズにした方がよいでしょう。
また、写真を大きく使うときには、十分な解像度があるものを選びましょう。

美しい花手水が楽しめる京都の神社10選

美しい花手水が楽しめる京都の神社10選

画像を並べるのもかわいいですが、画像が小さくなると、何の写真かわかりづらくなるデメリットもあります。

ターゲットの好みを意識する

同じ画像でも、性別や年齢層、初心者かベテランかなどによって好みが異なる場合があります。記事のターゲットが好みそうな画像かどうかも意識してみましょう。

プロフォトグラファーが選ぶ、最新オススメカメラ10選

プロフォトグラファーが選ぶ、最新オススメカメラ10選

カメラの画像でも、右側の方が「プロが選ぶ」本格的なカメラを探している層には響きそうです。逆に、「楽しく撮影する」といったコンセプトの記事の場合は、左の方が合いそうですね。

12-04 読みやすい記事を考えよう

せっかく書いたnote、最後まで読んでもらいたいですよね。noteで読みやすい記事とはどのようなものでしょうか。

読みやすさを意識して記事を書く

まず、webの記事では、一般的に、次のような項目に留意するとよいでしょう。

要点を明快に書く

結論を最初に書いたり、箇条書きのまとめを入れるなど、読者が知りたいことを明快に書きましょう。

noteに毎日投稿を続けて3ヶ月。クリックされやすい記事とクリックされづらい記事のポイントをつかめてきたような気がします。今日は、私のきづいたポイントについてご紹介したいと思います。

まずは、もともとは三日坊主だったわたしが、なぜ毎日noteを投稿し始めたのかをご紹介しますね。

要点を意識せずに書き始めた場合

noteに毎日投稿を続けて3ヶ月。クリックされやすい記事のポイントは以下の3点でした！

1. **最初に要点を書くこと**
2. **適度に段落を区切ること**
3. **適切な見出しをつけること**

1つずつ説明していきますね。

最初に要点をまとめた場合

適度に段落を区切る

長い文章が続くと読みづらい印象を与えてしまいます。適度に段落を区切ることを心がけましょう。

吾輩は猫である。名前はまだ無い。どこで生れたかとんと見当がつかぬ。何でも薄暗いじめじめした所でニャーニャー泣いていた事だけは記憶している。吾輩はここで始めて人間というものを見た。しかもあとで聞くとそれは書生という人間中で一番獰悪な種族であったそうだ。この書生というのは時々我々を捕えて煮て食うという話である。しかしその当時は何という考もなかったから別段恐しいとも思わなかった。ただ彼の掌に載せられてスーと持ち上げられた時何だかフワフワした感じがあったばかりである。

改行のない場合

吾輩は猫である。名前はまだ無い。

どこで生れたかとんと見当がつかぬ。何でも薄暗いじめじめした所でニャーニャー泣いていた事だけは記憶している。吾輩はここで始めて人間というものを見た。

しかもあとで聞くとそれは書生という人間中で一番獰悪な種族であったそうだ。この書生というのは時々我々を捕えて煮て食うという話である。

適度に改行を入れた場合

内容がわかりやすい見出しを付ける

長い文章を書く際には、適度に大見出し・小見出しを付けましょう。目次を入れれば、読者は、全体を把握しやすくなる上、視覚的なメリハリも出ます。

最初に要点を書くことで読者の興味をひこう！

記事を書く際には、最初に要点を明確に述べることが重要です。なぜなら、そうすることで、それを読む人がどんな利益を受けられるのか、瞬時に理解できるからです。

とができれば、続きを読む可能性が高まります。

適度に段落を区切って読みやすいnoteを目指そう！

段落を適度に区切ることは、①読みやすさ ②理解のしやすさの2点にに直結します。長いブロックのテキストは読者に圧

見出しがない場合

1) 最初に要点を書くことで読者の興味をひこう！

記事を書く際には、最初に要点を明確に述べることが重要です。なぜなら、そうすることで、それを読む人がどんな利益を受けられるのか、瞬時に理解できるからです。

2) 適度に段落を区切って読みやすいnoteを目指そう！

段落を適度に区切ることは、①読みやすさ ②理解のしやすさの2点にに直結します。長いブロックのテキストは読者に圧迫感を与え、それが理解を妨げる可能性があります。

見出しを入れた場合

写真・図を入れる

読者の理解を助けるために写真・図を入れましょう。図解が必要ない場合でも、長文が続く場合、適度に写真などの図が入ることでメリハリが生まれます。

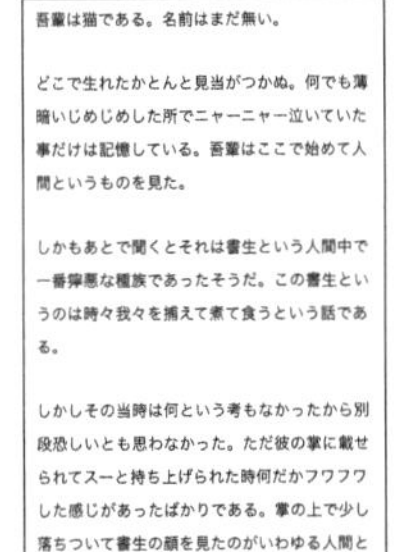
吾輩は猫である。名前はまだ無い。

どこで生れたかとんと見当がつかぬ。何でも薄暗いじめじめした所でニャーニャー泣いていた事だけは記憶している。吾輩はここで始めて人間というものを見た。

しかもあとで聞くとそれは書生という人間中で一番獰悪な種族であったそうだ。この書生というのは時々我々を捕えて煮て食うという話である。

しかしその当時は何という考もなかったから別段恐しいとも思わなかった。ただ彼の掌に載せられてスーと持ち上げられた時何だかフワフワした感じがあったばかりである。掌の上で少し落ちついて書生の顔を見たのがいわゆる人間というものの見始であろう。

文章だけの場合

写真を入れた場合

校正を行う

誤字や文法の間違いは、読み手に読みづらい印象を与え、記事の信頼性を損ねる可能性があります。記事を公開する前に一度文章を読み直してみましょう。

せっかく**生地**をクリックしても、それが何についての記事なのかすぐに理解できなければ、**どくしゃ**は興味を**なくしかね失いかねません**。また、読者はできるだけ早く、たくさんの情報にたどり着きたいと**考えてます**。見出し**での**本質をすぐにつかむことができれば、続きを読む可能性が高まります。

校正を行わなかった場合

せっかく**記事**をクリックしても、それが何についての記事なのかすぐに理解できなければ、**読者**は興味を**失いかねません**。また、読者はできるだけ早く、たくさんの情報にたどり着きたいと**考えています**。見出し**で**本質をすぐにつかむことができれば、続きを読む可能性が高まります。

校正を行った場合

同じ語尾が続かないようにする

「〜ます。〜ます。」「〜です。〜です。」と、同じ語尾が続くと読者に読みづらい印象を与えてしまいます、校正時に一度チェックしましょう。

私はnoteを書くときに気をつけているポイントがいくつかあり**ます**。まず、読者の視点に立って内容を組み立て**ます**。そうすると、読者が何を学びたいのか、何を感じたいのかを常に念頭に置くことができ**ます**。

同じ語尾が続く場合

私はnoteを書くときに気をつけているポイントがいくつかあり**ます**。まず、読者の視点に立って内容を組み立てることで**す**。そうすると、読者が何を学びたいのか、何を感じたいのかを常に念頭に置くことができ**ますよね**。

語尾を変化させた場合

スマホで読まれることを意識する

noteを作成する際にはPCで編集される方も多いと思いますが、noteはスマホアプリもあり、読者もスマホからの流入が多いことが特徴です。noteの読者の3/4はスマホからのアクセスといわれています。

スマホで読まれるという特性を考え、次の点にも注意しましょう。

文章は短く ただし改行は多用しない

スマホはPCよりも横幅が狭く、1段落が長いと、画面が文字で埋め尽くされ、読みづらい印象を与えてしまいます。
一方、1行に表示できる文字数が少ない分、改行を多用しすぎるとPCよりも改行が目立ち、かえって読みづらくなってしまうので注意しましょう。

どこで生れたかとんと見当がつかぬ。何でも薄暗いじめじめした所でニャーニャー泣いていた事だけは記憶している。

吾輩はここで始めて人間というものを見た。しかもあとで聞くとそれは書生という人間中で一番獰悪な種族であったそうだ。

この書生というのは時々我々を捕えて煮て食うという話である。

PC表示の場合

どこで生れたかとんと見当がつかぬ。何でも薄
暗いじめじめした所でニャーニャー泣いていた
事だけは記憶している。

吾輩はここで始めて人間というものを見た。し
かもあとで聞くとそれは書生という人間中で一
番獰悪な種族であったそうだ。

この書生というのは時々我々を捕えて煮て食う
という話である。

スマホ表示の場合

画像サイズ・文字のサイズに気を付ける

スマホはPCよりも画面が小さいので、写真に写っているものや、図中の解説の文字、漫画の台詞などの文字サイズに気を付けないと読みづらいことがあります。

PC表示の場合

スマホ表示の場合
（横幅で1/2〜1/3程度になります）

縦型写真はインパクトがあるけれど 多用すると読みづらくなることも

縦位置の写真は、スマホで大きく表示されるため、強いインパクトを与えます。ただ、その分、文章を断ち切ってしまうので多用すると読みづらくなることも。多用しすぎないように注意しましょう。

吾輩は猫である。名前はまだ無い。

どこで生れたかとんと見当がつかぬ。何でも薄暗いじめじめした所でニャーニャー泣いていた事だけは記憶している。吾輩はここで始めて人間というものを見た。

吾輩は猫である。名前はまだ無い。

どこで生れたかとんと見当がつかぬ。何でも薄暗いじめじめした所でニャーニャー泣いていた事だけは記憶している。吾輩はここで始めて人間というものを見た。

しかもあとで聞くとそれは書生という人間中で一番獰悪な種族であったそうだ。この書生というのは時々我々を捕つかまえて煮にて食うという話で

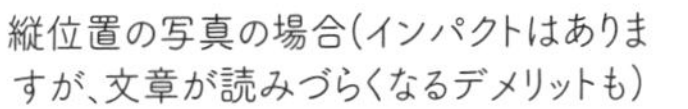

縦位置の写真の場合（インパクトはありますが、文章が読みづらくなるデメリットも）

横位置の写真の場合（写真の上下に文章が見え、文章のつながりを捉えやすくなります）

普段、noteの記事はPCで制作される方も、自分の記事がどう見えるのか、一度スマホでの見え方も確認してみましょう。

12-05 クリエイター同士で交流しよう

note内でアクセスのきっかけを作る方法として、クリエイター同士で交流する方法があります。記事を読んでもらうだけでなく、新しい刺激や交流によって、より楽しくnoteを続けられるかもしれません。

フォロー・スキ・コメントで交流する

noteは自分の好きなことを書いたり、ビジネスにつなげたりするためだけでなく、SNSとしての側面もあります。適度にクリエイターやフォロワーと交流することで、より楽しくnoteを続けることができますよ。

noteでクリエイターと交流する方法に次の機能があります。

フォロー

気になるクリエイターや、刺激をもらえるクリエイターに出会ったら、フォローしてみましょう（03-06→P.46）。相互フォローになれば、気になるクリエイターにあなたの記事も読んでもらえるかもしれません。

スキ

気に入った記事に「スキ」を送りましょう。「スキ」を送るとクリエイターに通知が届きます（03-02→P.38）。

コメント

素敵な記事に出会ったら、ぜひコメントで感想を伝えましょう。コメントを送り合うことで、クリエイターとの距離も縮まり、コミュニケーションの輪が広がります（03-04→P.42）。

noteのタイムラインは、「フォロー中」の人の投稿だけを表示する画面と、これまでの「スキ」などにもとづいて、フォロー外の人も含む「すべて」のオススメのnoteが表示される画面を切り替えることができます。

新しいクリエイターや作品に出会いたい場合と、フォロー中のクリエイターと積極的にかかわりたい場合と、場面に合わせて使い分けましょう。

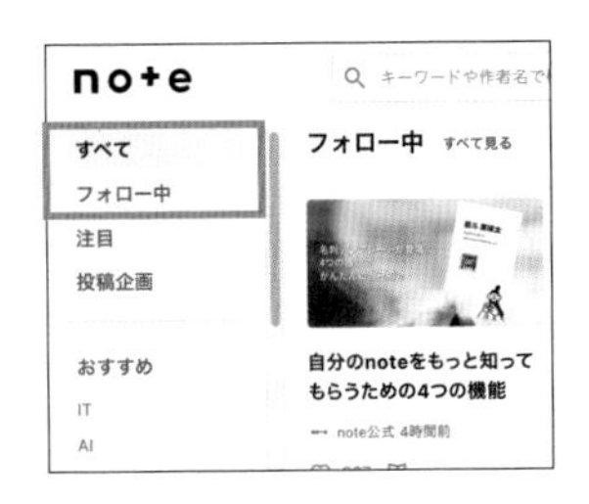

クリエイターの記事をシェアする

noteの記事をnote内や、ほかのSNSであなたのフォロワーにシェアすることができます。お互いにnoteの記事をシェアし合うことで、より広い層に記事を届けられます。

X（旧 twitter）や Facebook でシェアする

XやFacebookなど、ほかのSNSで記事をシェアすることができます。クリエイターがnoteをXと連携している場合、シェアの文面にクリエイターのXのIDが入力されるので、そのままシェアすると、クリエイターにメンションが届きます。

マガジン機能でシェアする

記事をnoteのマガジンに追加すると、マガジンをフォローしている人のタイムラインに記事が表示されます。
マガジンに追加すると、クリエイターに通知されます。

オススメでシェアする

noteの「オススメする」機能を使うと、noteのタイムライン上でその記事をシェアできます（12-08→P.242）。
オススメすると、クリエイターに通知されます。

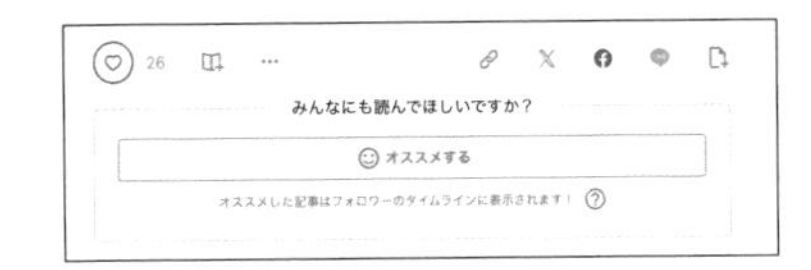

12-06 お題やコンテストに投稿しよう

noteでは、お題やコンテストといったテーマが設けられています。こちらに参加することで、露出の機会を増やすことができます。また、コンテストに入賞すると、注目度が上がるかもしれません。

お題・コンテストについて

お題やコンテストは、noteが創作のアイデアとなるテーマを用意して、クリエイターの作品を募集しているものです。

お題は、note編集部が独自で開催しているもので、何を書こうか迷った時に参考になるテーマが用意されています。

コンテストは、noteが企業とコラボレーションして実施しているものです。こちらでは、審査員やコラボ企業により審査が行われ、さまざまな賞が贈られます。 開催中のお題やコンテストは、noteトップの「投稿企画」のタブから確認できます。

お題・コンテストに参加する

お題・コンテストには、「ハッシュタグ」を付けるのと同じ要領で参加できます。

1 ハッシュタグを確認

お題・コンテストには、ハッシュタグで参加します。

noteトップの「投稿企画」のタブをクリックし(❶)、開催中のコンテスト・お題から、応募したいタグを確認します(❷)。

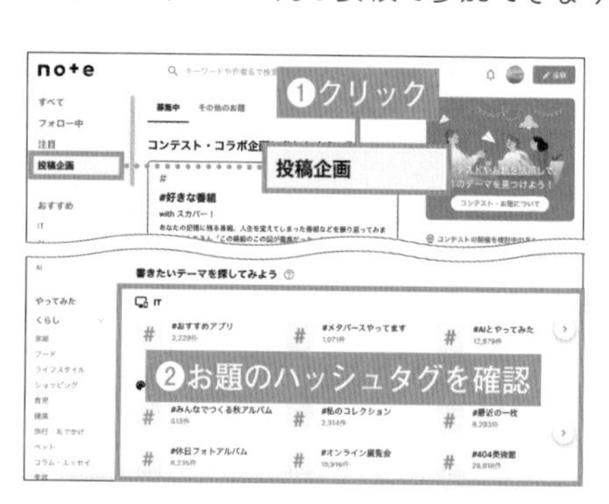

2 投稿画面を開く

noteの記事を作成し、公開設定画面を開きます(❸)。

3 ハッシュタグを入力

「ハッシュタグ」と書かれたテキストボックスに、手順**1**で確認した応募したいハッシュタグを入力します(❹)。ハッシュタグを途中まで入力すると、「お題開催中」と書かれた予測がプルダウンで表示されることがあります。こちらをクリックして設定することもできます。すべて入力したら、「投稿する」をクリックします(❺)。

お題のタグは1記事2個まで設定可能です。

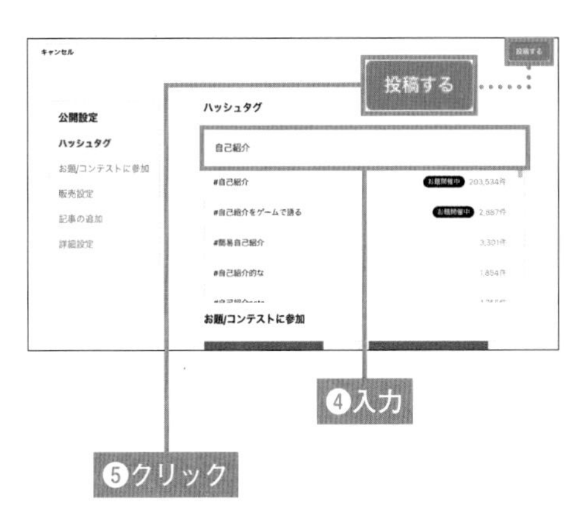

4 投稿の完了

記事が公開され、記事の末尾に「この記事が参加している募集」と表示されます(❻)。

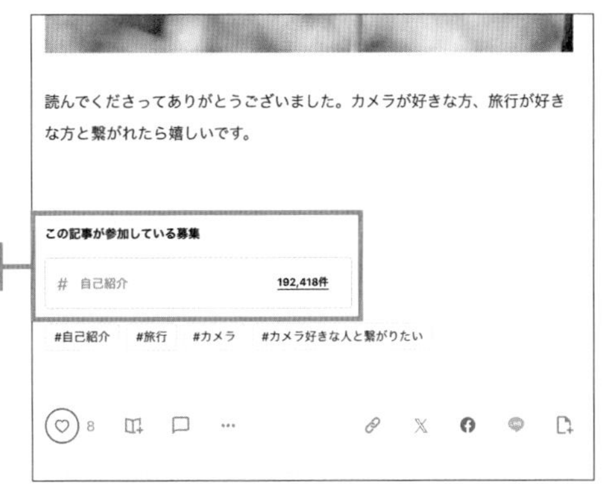

12-07 みんなのフォトギャラリーに写真を提供しよう

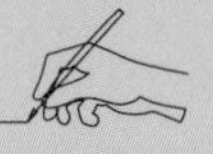

みんなのフォトギャラリーは、クリエイターが note に投稿した画像を、誰でも記事の見出し画像として使える機能です。こちらに画像を登録することで、作品を観てもらえる機会を増やしましょう。

みんなのフォトギャラリーについて

04-06（P.78参照）で紹介したように、みんなのフォトギャラリーに登録した画像は、noteのクリエイターが記事を作成する際に、見出し画像として自由に使用できます。

写真が使用されると、使用された記事の見出し画像の下に「Photo by ○○」と、クリエイター名が表示されます。また、そのユーザー名をクリックすると、自分が画像を掲載した記事にリンクしています。

特に写真やイラストの記事を投稿しているクリエイターの場合、みんなのフォトギャラリーに魅力的な見出し画像を提供することで、作品を観てもらう機会が増えるでしょう。

みんなのフォトギャラリーに写真を登録する

1 「画像」をクリック

自分のアイコンをクリックし（❶）、表示されるメニューから「画像」をクリックします（❷）。

2 画像を選択

自分が記事に掲載した画像の一覧が表示されるので、「みんなのフォトギャラリー」に追加したい画像をクリックして選択します（❸）。

3 「みんなのフォトギャラリーに追加」にチェック

クリックした画像が開き、「みんなのフォトギャラリーに追加」というチェックボックスが表示されるので、チェックを入れます（❹）。

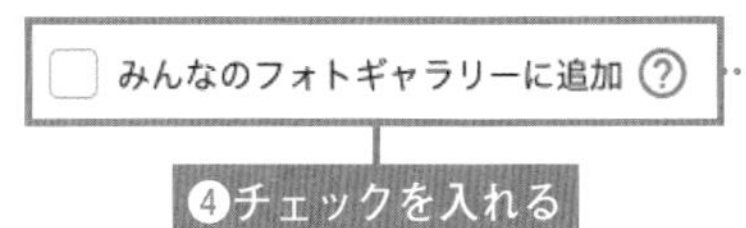

4 キーワードを設定（任意）

「キーワード」に、写真にまつわるキーワードを入力します。単語を入力し、Enter キーを押すとキーワードが設定されます（❺）。これを繰り返すことで、複数のキーワードが設定できます。

クリエイターが見出し画像を検索する際に使用されるので、写真そのものを表すキーワードだけでなく、使用される記事を連想して複数のキーワードを設定するとよいでしょう。

5 説明を入力（任意）

その画像が何の画像か、画像を使用しようとする人にわかりやすいように説明します（❻）。

6 著作権を確認

「この画像の著作権は私自身に帰属します。」のチェックボックスにチェックを入れます（❼）。

この画像の著作権は私自身に帰属します。

❼チェックを入れる

7 「みんなのフォトギャラリーに追加」をクリック

すべて入力したら、「みんなのフォトギャラリーに追加」をクリックします（❽）。

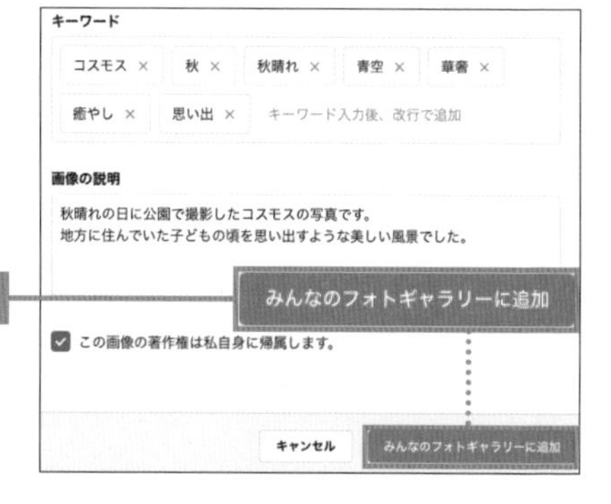

8 写真の追加の完了

「みんなのフォトギャラリー」に写真が追加されます(⑨)。追加された写真は、「画像」のページで「共有済み」と表示されます。

⑨「みんなのフォトギャラリー」に写真が追加された

ワンポイント

みんなのフォトギャラリーでの見え方・使われ方

みんなのフォトギャラリーを使用するクリエイターが画像をクリックすると、元記事のタイトル、クリエイター名、設定したキーワード、設定した説明文が表示されます。

みんなのフォトギャラリーを使って見出し画像を設定する場合も、画像を使用するクリエイターは、画像を拡大・縮小し、好きな場所でトリミングすることができます。このため、自身で想定していたのとは違った場所でトリミングされてしまう場合もあることに気を付けましょう。

みんなのフォトギャラリーに使ってもらうことを意識して、見出し画像の基本サイズである「1280 × 670px」にトリミングした写真をアップロードするのもよいでしょう。

12-08 ほかのクリエイターの記事をオススメしよう

読者から記事をオススメされると、その読者のフォロワーのタイムラインにも記事が表示されるようになり、自分のフォロワー以外にも記事が届きやすくなります。ここではほかのクリエイターの記事をオススメする方法について紹介します。

無料記事をオススメする

ほかのクリエイターの記事は、記事にお金を払うことでオススメできるようになります。無料記事の場合、そのクリエイターにサポートとしてお金を払ったあとにオススメします。なお、自分で自分の記事をオススメすることはできません。

1 「気に入ったらサポート」をクリック

オススメしたい記事の最後にある「気に入ったらサポート」をクリックします(❶)。

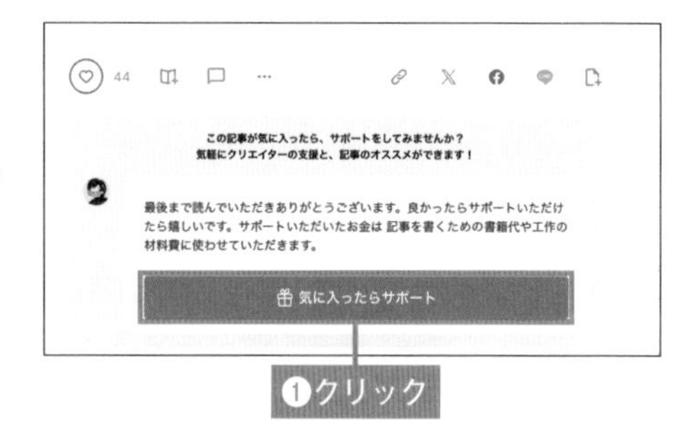

2 金額を選ぶ

サポートしたい金額を選択もしくは入力し(❷)、メッセージを入力(任意)の上(❸)、「確認」をクリックします(❹)。

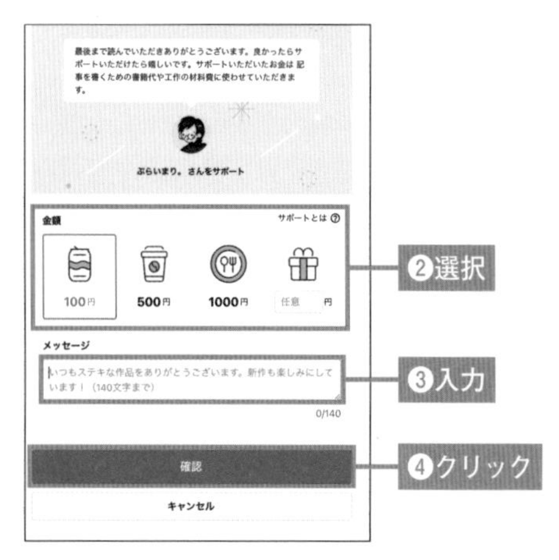

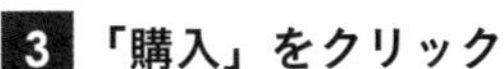

3 「購入」をクリック

「購入」をクリックします(❺)。

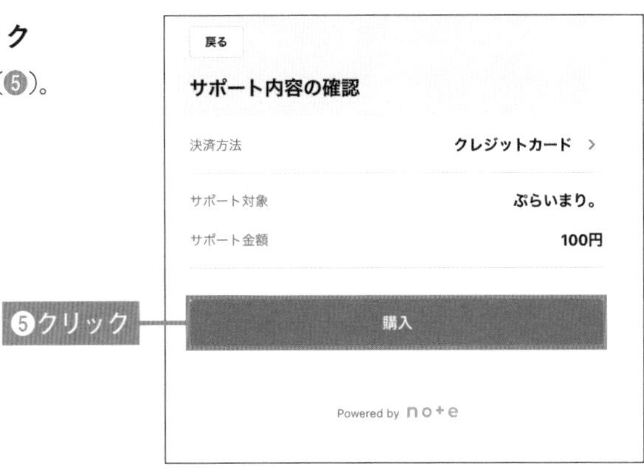

4 「オススメする」をクリック

サポート完了の画面が表示されます。お礼コメントの下にある「オススメする」をクリックすると(❻)、サポートが完了します。

ワンポイント

有料記事をオススメする場合

有料記事や有料マガジン内、定期購読マガジン内の記事も、それらを購入するとオススメすることができます。

購入した記事の最後に「オススメする」が表示されるので、こちらをクリックします。

なお、note公式アカウントの記事はいずれも無料でオススメすることが可能です。

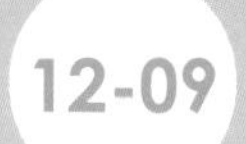

12-09 SNSを使ってnoteを宣伝しよう

本章の最後では、ほかのSNSを使ってnote以外の場所で記事を宣伝する方法について紹介します。noteのタイムラインを追っていない人にも、ほかのSNSを使って記事の更新を知らせましょう。

SNSでnoteをシェアする

03-03(P.40参照)でほかのクリエイターの記事をシェアする方法を紹介しましたが、自分の記事をシェアすることもできます。

記事の上部と下部に、「X」「Facebook」、「LINE」のアイコンがあるので、このアイコンからかんたんにシェアを行うことができます。

また、記事の下部には、「リンクをコピー」のアイコンがあります。「リンクをコピー」をクリックすると記事のURLがコピーされるので、ほかのSNSにもURLをシェアすることができます。

多くの人に記事を読んでもらうためには、記事の要約やポイントを併せて入力するのがオススメです。「AIアシスタント」機能(14-02→P.278)を利用すると、SNS投稿用の要約をかんたんに作成することもできます。

SNSプロモーション機能を使って有料記事を宣伝する

SNSプロモーション機能とは、X(旧Twitter)で告知ポストをリポストすることにより、該当するnoteの有料記事を割引する機能です。1記事あたりの収益は減りますが、その分、告知ツイートがSNS上で拡散され、多くの人が有料記事を手に取ってくれる可能性が広がります。

1 SNSプロモーション機能を有効に

有料記事の「公開設定」画面の「販売設定」にある「SNSプロモーション機能 X(Twitter)で拡散を手伝ってくれた人に割引」にチェックを入れます(❶)。

2 割引後の金額を設定

テキストボックスが表示されるので、割引後の金額を入力します(❷)。割引後価格は、無料または100円以上に設定できます。

3 告知内容を入力

「2. 記事公開時に投稿する内容を設定」のテキストボックスに、Xで告知したい内容を入力します(❸)。

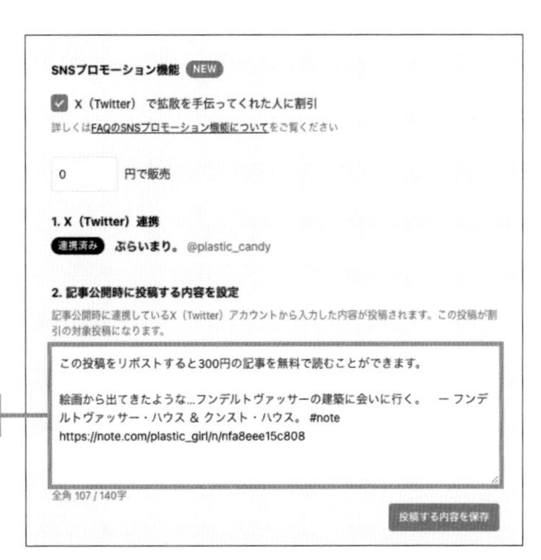

4 「投稿する内容を保存」をクリック

「投稿する内容を保存」をクリックします(④)。

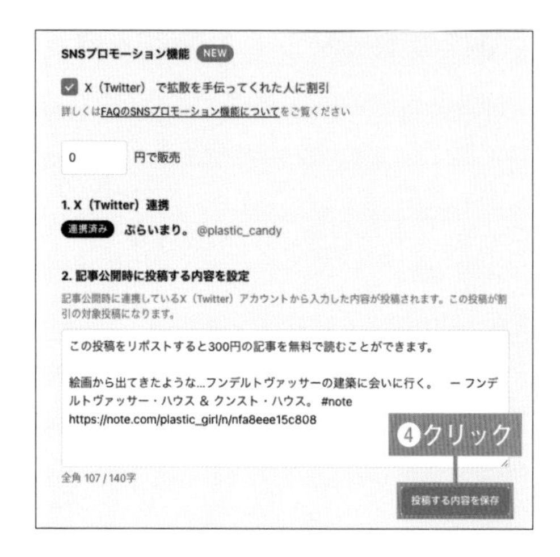

5 「有料エリア設定」をクリック

右上の「有料エリア設定」をクリックして(⑤)、有料エリアを設定後、記事を公開します。

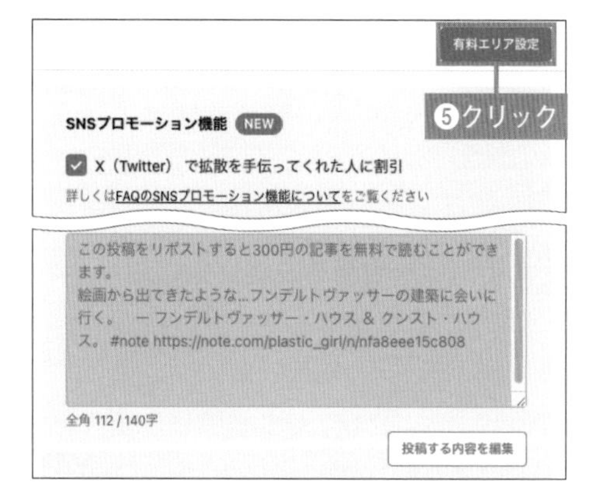

6 ポストの完了

自分のXに、割引の対象となる内容が自動でポストされます(⑥)。

このポストをリポストしたユーザーは、該当の有料記事を割引価格で読むことができます。

SNSプロモーション機能で有料記事を購入する

SNSプロモーション機能を使用したときの見え方と、実際に記事を購入する手順について紹介します。

1 SNSプロモーションを実施している記事を開く

SNSプロモーションを実施している記事には、価格の横に「割引あり」と記されます(❶)。

2 「拡散で応援して読む」をクリック

記事の有料ラインまでスクロールし、「拡散で応援して無料で読む」もしくは「定価で購入」のボタンをクリックします(❷)。

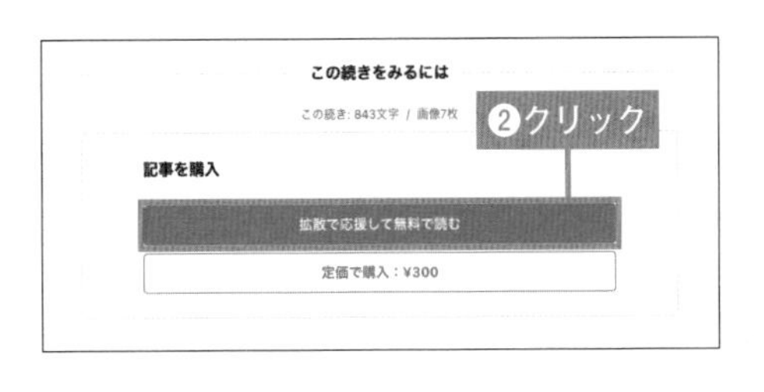

3 「同意して連携」をクリック

「X(Twitter)と連携」ボタンをクリックしたあと、表示されるポップアップで「同意して連携」をクリックし(❸)、Xとnoteを連携させます。

12 noteを多くの人に届けよう

4 「対象の投稿を表示」をクリック

「対象の投稿を表示」をクリックすると(❹)、SNSプロモーション用のポストがX上で表示されるので、リポストします。

5 チェックボックスをチェック

「連携アカウントで対象の投稿をリポストしました」にチェックを入れると(❺)、「無料で読む」(もしくは「○○円で購入する」)ボタンが緑色に変化するので、クリックします(❻)。
有料の場合には、続いて割引価格での決済を行います。

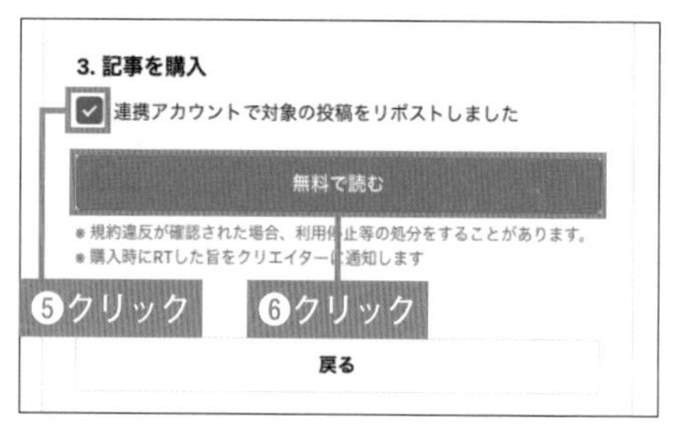

6 有料部分の表示

記事が開き、有料部分が表示されます(❼)。

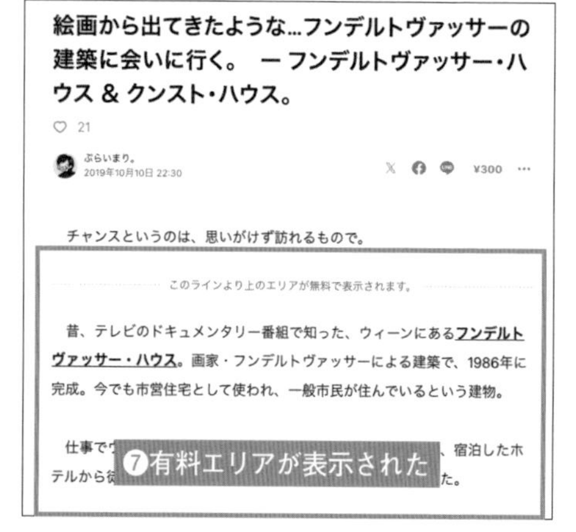

Chapter

13

有料プランを活用しよう

ここまで、noteのさまざまな機能を見てきました。さらに、有料プランを活用することで、できることが広がります。この章では、個人・法人向けの有料プランでできることを紹介します。

13-01 noteプレミアム（個人向け有料プラン）を活用しよう

個人でnoteを使用しているクリエイター向けには、月額500円でより便利な機能が利用できるプラン、noteプレミアムがあります。noteプレミアムでできることと、申し込み方法を紹介します。

noteプレミアムでできること

noteプレミアムに入会すると、特に、有料記事やマガジンの販売で多くのメリットが提供されます。無料会員とその機能を比較して表にまとめました。

<table>
<tr><th>機能</th><th>説明</th><th colspan="2">無料会員</th><th colspan="2">プレミアム会員</th></tr>
<tr><td>定期購読マガジン</td><td>月額制で記事を販売できる「定期購読マガジン」を作成する機能（08-06→P.150）</td><td colspan="2">×できない</td><td colspan="2">○できる</td></tr>
<tr><td rowspan="2">共同運営マガジン</td><td rowspan="2">1つのマガジンに、複数のクリエイターが記事を掲載する機能（13-04→P.260）</td><td>マガジンの形式</td><td>無料マガジンのみ</td><td>マガジンの形式</td><td>無料、有料、定期購読マガジン</td></tr>
<tr><td>運営メンバーの人数</td><td>100名まで</td><td>運営メンバーの人数</td><td>無料は上限無し、有料・定期購読は20名まで</td></tr>
<tr><td>記事の予約投稿</td><td>日付と時間を予約指定して、記事を投稿する機能（13-03→P.257）</td><td colspan="2">×できない</td><td colspan="2">○できる</td></tr>
<tr><td>コメント欄の表示・非表示</td><td>記事の下のコメント欄の表示と非表示を切り替える機能（13-03→P.256）</td><td colspan="2">切り替えできないので、常に表示</td><td colspan="2">表示と非表示の切り替えができる</td></tr>
</table>

数量限定販売機能	記事販売の際に、販売数の上限を設定する機能（13-03→P.258）	×できない	○できる
作成できるマガジンの数	1つのアカウントで作成できるマガジン数の違い	21個まで	1,000個まで
記事販売価格の上限	有料記事と有料マガジン、メンバーシップの販売価格の上限額の違い	50,000円まで	100,000円まで
Amazonウィジェット	クリエイターページにAmazonウィジェットを追加できる機能（13-05→P.264）	×できない	○できる（YouTube動画と合わせて最大5つまで）
YouTube動画表示	クリエイターページにYouTube動画を追加する機能（13-05→P.264）	×できない	○できる（Amazonウィジェットと合わせて最大5つまで）
AIアシスタント（β）利用回数	AIで記事の作成をアシストする「AIアシスタント（β）」の利用回数の違い（14-02→P.278）	月5回まで	月100回まで

13-02 noteプレミアムに入会しよう・解約しよう

個人向けの有料プランであるnoteプレミアムへの入会の方法と解約の方法について、紹介します。

noteプレミアムへの入会方法

noteプレミアムには、クリエイターページから申し込むことができます。

1 「noteプレミアムサービス」をクリック

自分のアイコンをクリックし(❶)、表示されるメ ニューから、「noteプレミアムサービス」をクリックします(❷)。

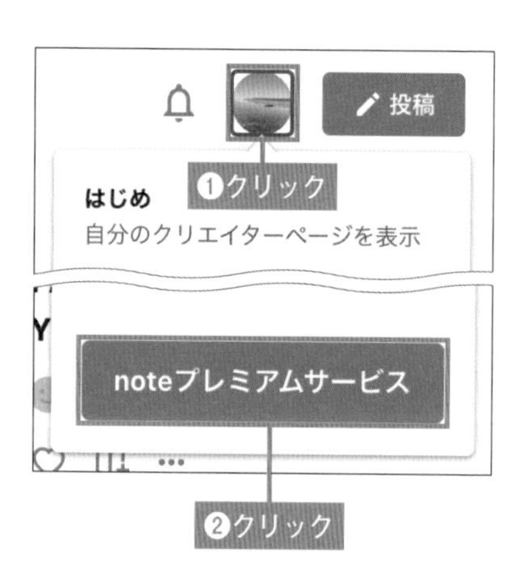

2 「noteプレミアムに申し込む」をクリック

noteプレミアムの説明ページが表示されます。「noteプレミアムに申し込む」をクリックします(❸)。

3 「noteプレミアムに申込」をクリック

課金開始タイミングが表示されるので、確認の上で（❹）「noteプレミアムに申込」をクリックします（❺）。

4 noteプレミアム会員の登録完了

クレジットカード情報などがすでに登録されていれば、プレミアム会員の登録が完了します。

「noteプレミアム登録完了」のポップアップが表示されるので、「戻る」をクリックし（❻）、クリエイターページに戻ります。

5 「プレミアム設定」を確認

プレミアム会員になっても、ホーム画面やクリエイターページ、アカウント名などの外観には特に変化はありません。

自分のアイコンをクリックすると、「アカウント設定」と「ヘルプセンター」の間に「プレミアム設定」というメニューが追加され（❼）、プレミアム会員になったことを確認できます。

ワンポイント

noteプレミアムの課金タイミング

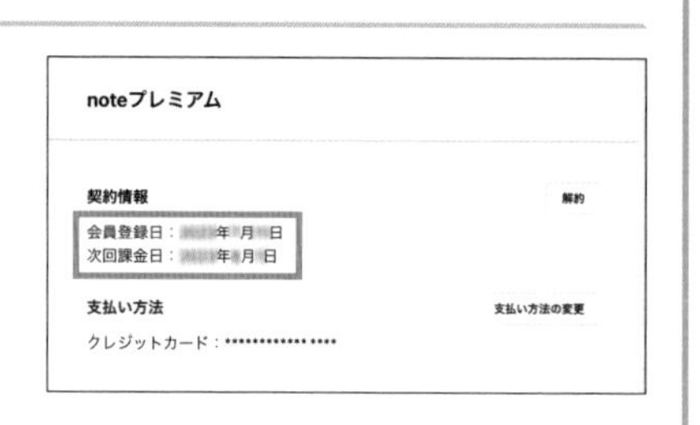

noteプレミアムは、毎月1日に月額料金が発生します。加入月は無料でお試しできるので、申し込み月は無料、翌月の1日から毎月料金が発生する形になります。

自身の加入日や、月額料金の発生日を確認するには、前ページの手順5にて、「プレミアム設定」をクリックしましょう。「契約情報」に、noteプレミアム会員への登録日と、次回の課金日が表示されます。

noteプレミアムの解約方法

noteプレミアムはいつでも解約が可能です。加入月は無料でお試しできるので、その間に解約すれば、お金もかかりません。

1 「プレミアム設定」をクリック

自分のアイコンをクリックし（❶）、表示されるメニューから、「プレミアム設定」をクリックします（❷）。

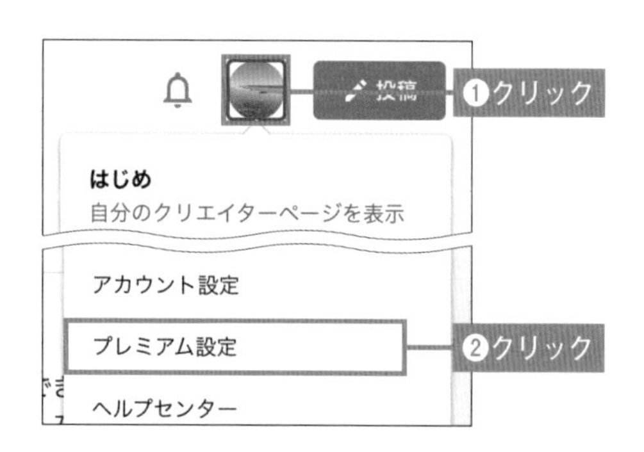

2 解約手続きを始める

noteプレミアムの設定ページが表示されます。「noteプレミアム解約手続きへ」をクリックします（❸）。

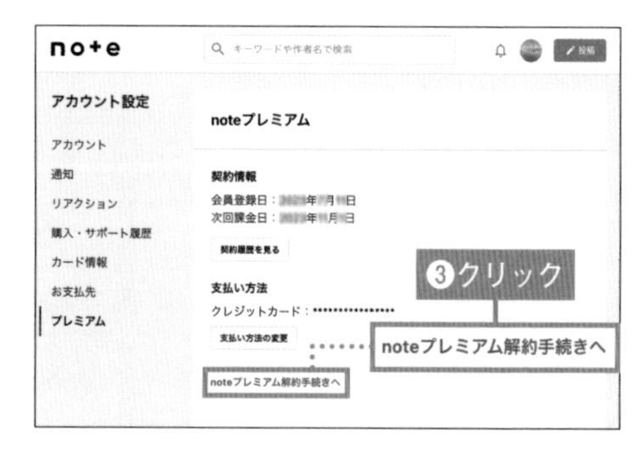

3 「解約内容を確認」をクリック

解約に関する説明が表示されます。内容を確認の上、「解約内容を確認」をクリックします（❹）。

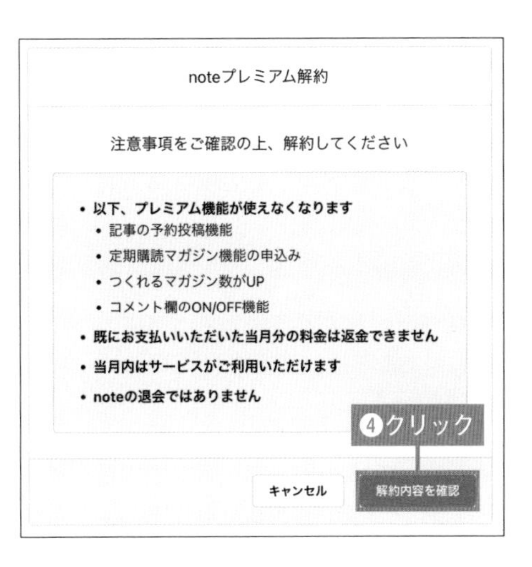

4 「解約を確定」をクリック

「解約内容の確認」が表示されます。「解約を確定」をクリックすると（❺）、解約完了です。

ワンポイント

noteプレミアムを解約した場合

noteプレミアムの支払いは毎月1日です。月の途中でnoteプレミアムを解約しても、その月の分の支払いが日割りで返金されることはありません。その分、noteプレミアムを解約しても、その月のうちはサービスを継続して利用することができます。

翌月より、プレミアム会員限定機能が利用できなくなり、プレミアム会員限定機能で行った設定の一部は変更できなくなります。

noteプレミアムを解約しても、noteは退会にはならないので、無料会員として引き続きnoteの機能を楽しむことができます。

13-03 プレミアム機能を使って投稿しよう

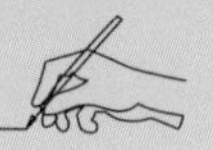

記事の投稿時にプレミアム会員の方だけが使える機能について、使い方を紹介します。なお、ここではテキストの記事における公開設定の画面で説明します。

コメント欄を非表示にする

通常、コメント欄は表示になっていますが、noteプレミアムではコメント欄を非表示にすることができます。

1 「コメント許可」のチェックを外す

記事の「公開設定」画面の「詳細設定」に移動し、「コメント許可」の「コメントを受けつける」のチェックボックスを外します(❶)。デフォルトではチェックが入っています。
「投稿する」をクリックし(❷)、記事を公開します。

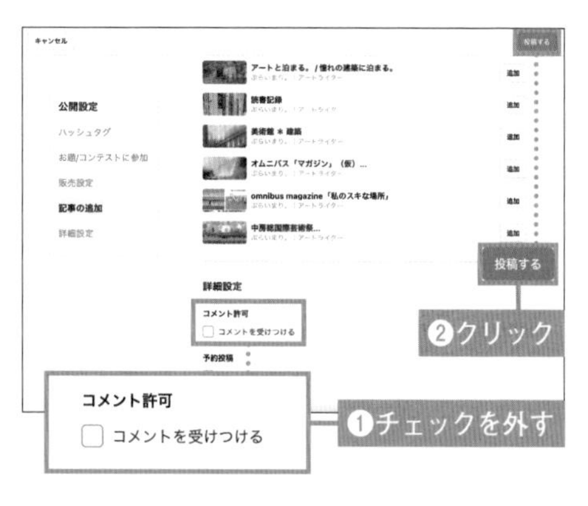

2 コメント欄が非表示に

投稿した記事を確認すると、記事の下部に表示されていたコメント欄が非表示になります(❸)。

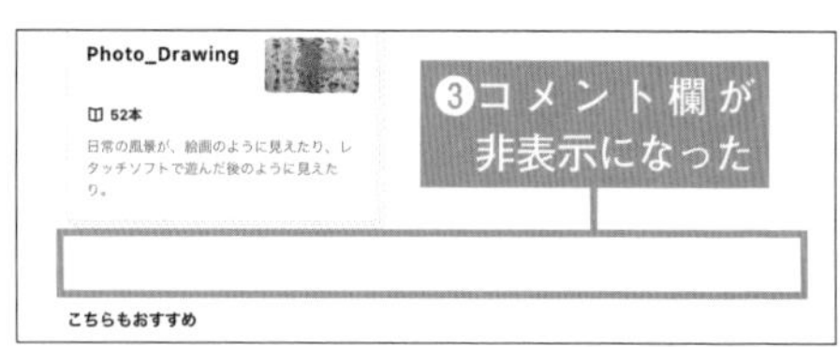

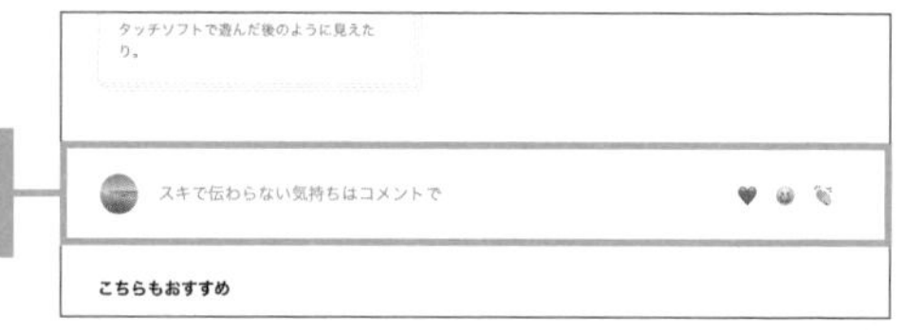

予約投稿を行う

完成した記事を任意の時間に公開することができます。

1 「予約投稿」にチェック

記事の公開設定の画面の「詳細設定」に移動し、「予約投稿」の「設定する」のチェックボックスにチェックを入れます(❶)。

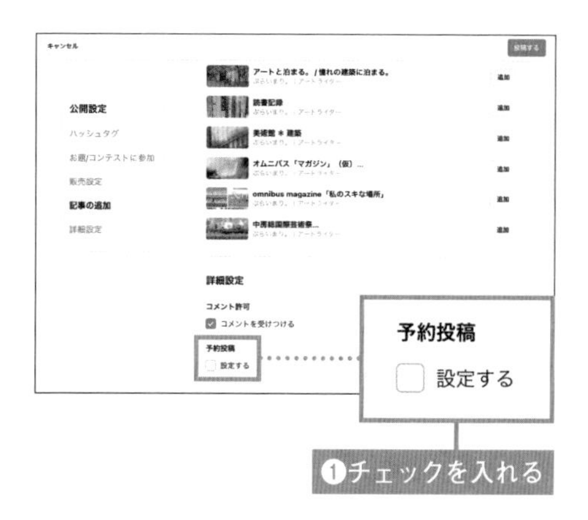

2 日時を設定

日時設定が表示されるので、クリックすると(❷)、カレンダーと時間が表示されます。ここから、公開したい日時を選択します(❸)。
選択が完了したら、「予約投稿」をクリックします(❹)。

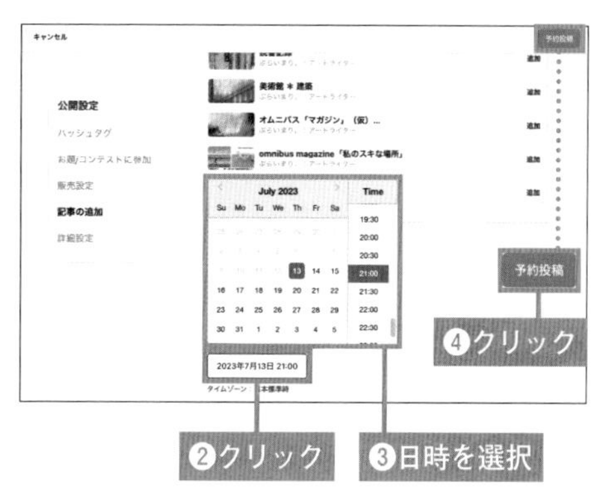

3 予約日時を確認

「投稿予約が完了しました」というポップアップが表示されます。投稿予定時刻が設定と合っていることを確認し(❺)、「閉じる」をクリックします(❻)。

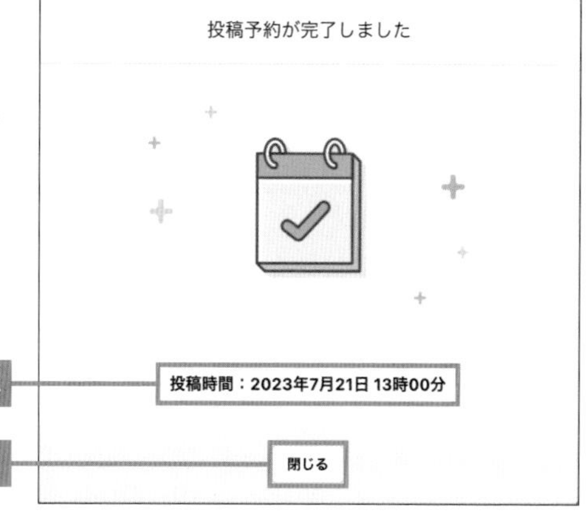

4 リンクをコピー（任意）

投稿予定の記事のレイアウトが表示され、記事の上部に公開日時と、「公開リンクをコピー」「共有用リンクをコピー」が表示されます。いずれかをクリックすると、URLがコピーされます（❼）。

「公開リンク」は、記事が公開された際のURLです。SNSなどで記事の宣伝を行う際には、こちらのURLをコピーします。「共有用リンク」は、下書きの状態でほかの人が内容を確認できるURLです。こちらのURLは、記事を公開するまでの間有効です。

5 記事が公開

設定した時間になると、記事が自動で公開されます。公開された際には、通知欄とメールで「予約していた記事が公開されました。」と通知が届きます（❽）。

有料 note に販売上限を設ける

有料noteの販売上限数を設けると、特別感を与えることができます。

1 「有料」を選択

記事の「公開設定」画面の「販売設定」に移動し、「販売設定」の「有料」をクリックしてオンにします（❶）。

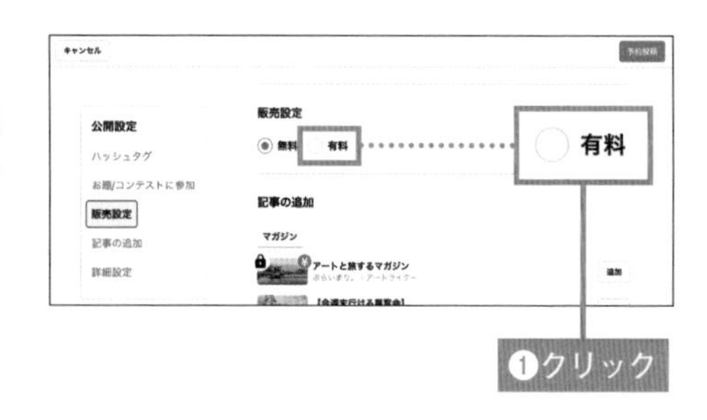

2 販売条件の設定

「価格」や「返金設定」を設定し「数量限定販売」の「数量限定で販売する」のチェックをオンにします（❷）。
「10記事（変更）」と販売数量の上限が表示されるので、「（変更）」の文字をクリックします（❸）。

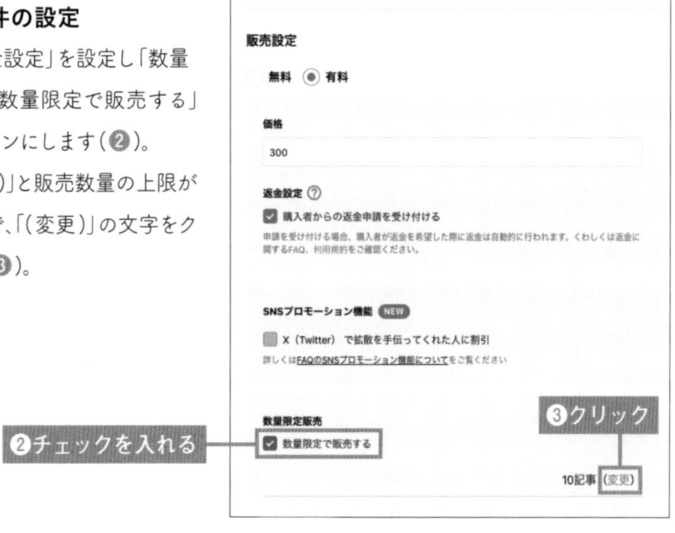

3 限定数量の設定

販売記事数のテキストボックスが表示されるので、販売記事数を設定し（❹）、「有料エリア設定」をクリックします（❺）。
一般的な有料記事と同様に、有料ラインを設定して、記事を公開します。なお、有料記事の公開方法は08-04（P.144）で紹介しています。

数量限定販売
数量限定で販売する
販売記事数
20
有料エリア設定
❹入力
❺クリック

4 数量限定の有料 note の公開

有料記事が公開されます。記事を購入していない人には、有料ゾーンのラインの下に「（数量限定：残り**/**）」と、あと何人購入が可能か表示されます（❻）。

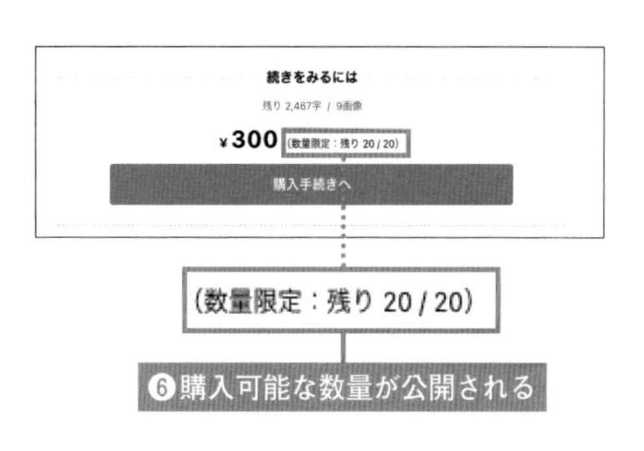

13-04 共同運営マガジンを作ろう

共同運営マガジンは、複数のクリエイターで1つのマガジンを作成できる機能です。無料会員でも無料の共同運営マガジンを作ることができますが、プレミアム会員は、無料、有料、定期購読のいずれでも、共同運営マガジンを作ることができます。

共同運営マガジンを作る

共同運営マガジンは、新規にマガジンを立ち上げたり、今あるマガジンを共同運営に切り替えたりすることができます。今回の手順は、無料マガジンの作成が完了した状態から解説します。

1 「設定」をクリック

共同運営したい自身のマガジンを開き、「設定」をクリックします(❶)。

2 「メンバーを招待」をクリック

左側に表示されるタブから、「メンバー管理」をクリックします(❷)。メンバー管理の画面で、「メンバーを招待」をクリックします(❸)。

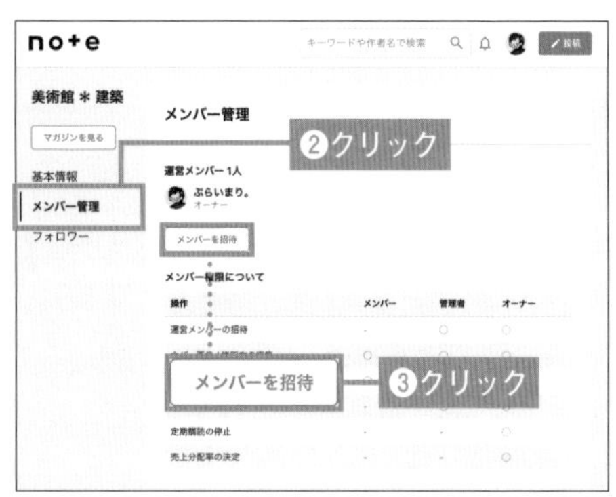

3 メンバーを入力

共同で運営したいメンバーのクリエイター名(note上に表示される名前)か、note IDを入力します(❹)。

4 「招待を送信」をクリック

候補のメンバー名が表示されるので、招待したいメンバーをクリックします(❺)。その後、「招待を送信」をクリックします(❻)。

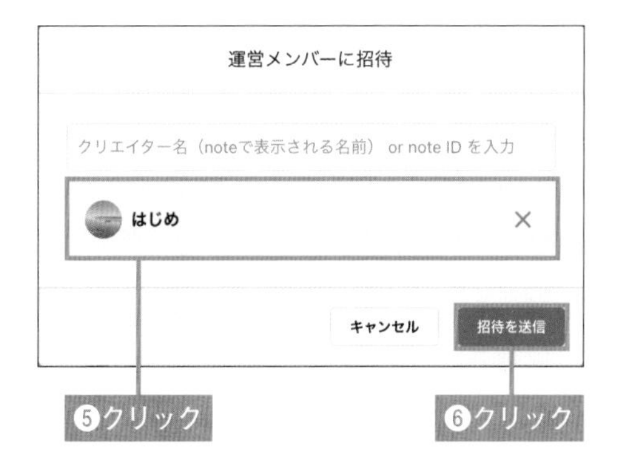

5 メンバーが招待を承認

招待したメンバーに「運営メンバー招待のおしらせ」というメールが届きます(❼)。表示されたURLをクリックし、承認すると1つのマガジンを共同で運営できるようになります。

オーナーと運営メンバーができること

共同運営マガジンにおいて、「オーナー」と招待された「運営メンバー」では権限が異なります。

機能	オーナー	運営メンバー
メンバーの招待	○できる	×できない
運営メンバーの削除	○できる	×できない
管理者の変更（ほかのメンバーを管理者にする）	○できる	×できない
有料・定期購読マガジンの売上の受け取り※	○できる	×できない
記事の追加	○できる	○できる
マガジンの設定（基本情報）の変更	○できる	△公開設定の変更と、マガジンの削除以外は、できる
マガジンからの脱退	○できる	○できる

※以前は、売上の分配機能がありましたが、2023年6月30日をもって提供を終了しています。有料・定期購読マガジンとして共同運営マガジンを運営して発生した売上は、全額オーナーへ配分されます。

共同運営マガジンに記事を追加する

共同運営マガジンへの記事の追加方法は、オーナーでも運営メンバーも同じです。運営メンバーはオーナーへの承認なく記事を追加することができます。

1 記事を作成

マガジンに掲載するための記事を作成し、「公開設定」をクリックします（❶）。

2 マガジンを選択

ハッシュタグなどの設定を行ったあと、「記事の追加」のマガジン欄に移ります。共同運営に参加したマガジンが表示されるので、「追加」をクリックしたあとに(❷)、「投稿する」をクリックします(❸)。

3 共同運営マガジンに記事が追加される

記事が公開されます。共同運営マガジンを開くと、マガジン内に記事が追加されていることが確認できます(❹)。

ワンポイント

共同運営マガジンから記事を削除する場合

共同運営マガジンから記事を削除したい場合、記事の「公開設定」画面で、該当するマガジンの「追加済」をクリックし、マガジンの選択を外したあとに再度公開してください。

この場合、記事自体は削除されず、マガジンからのみ削除されます。なお、共同運営マガジンから記事を削除する場合も、オーナーの承認は必要ありません。

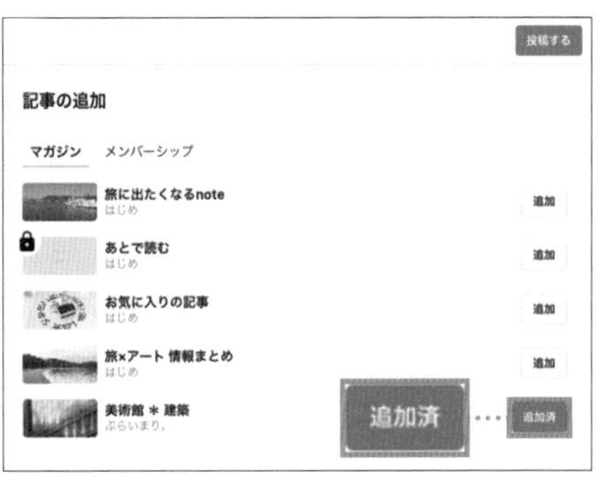

13-05 Amazonウィジェット、YouTube動画を埋め込もう

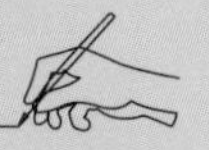

Amazon ウィジェットや YouTube 動画を、クリエイターページに埋め込むことができます。

コンテンツをクリエイターページに設定する

Amazonウィジェットや YouTube動画といったコンテンツを自分のクリエイターページに表示させます。Amazonで自分の商品を販売している場合、商品をアピールしたり、YouTube上に投稿した動画を紹介したりすることができます。

1 「設定」をクリック

自分のクリエイターページを開き、「設定」をクリックする（❶）。

2 「＋コンテンツを追加する」をクリック

「ウィジェットを追加」の下にある「＋コンテンツを追加する」をクリックします（❷）。

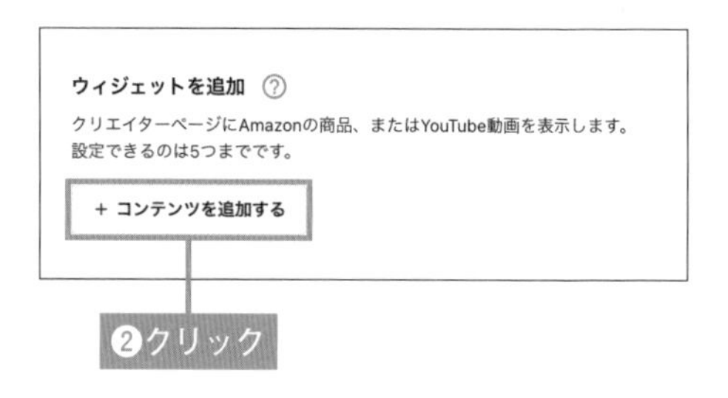

3 URLを入力

「コンテンツを追加」というポップアップが表示されます。自分のクリエイターページに表示したいAmazonウィジェットかYouTube動画のURLを入力し（❸）、「確認」をクリックします（❹）。

4 内容を確認

Amazonウィジェットや YouTube動画が表示されます。問題がなければ「追加」をクリックします（❺）。

5 「保存」をクリック

「ウィジェットを追加」の下部にコンテンツが追加されていることを確認し（❻）、設定ページ右下にある「保存」をクリックします（❼）。

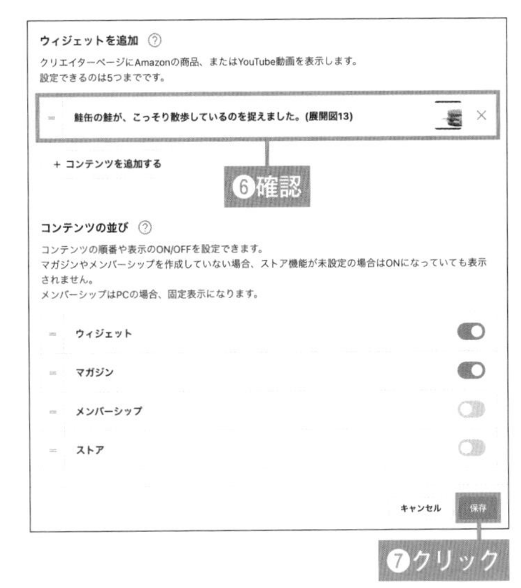

6 コンテンツの表示完了

自分のクリエイターページに戻ると、プロフィール欄の下に追加したコンテンツが表示されます(❽)。

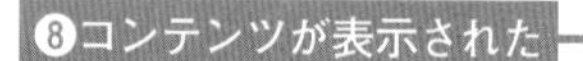

ワンポイント

ウィジェットが表示されない場合

　クリエイターページのプロフィール欄下部の領域は、ウィジェット以外に、「マガジン」「メンバーシップ」「ストア」も表示されます。ウィジェットを追加したのに変化がないと思った場合、スクロールすると、ほかのコンテンツの下部に表示されている場合があるので確認してみましょう。

　次に、並び順を入れ替える方法を解説します。

コンテンツの並び順を入れ替える

　Amazonウィジェットと YouTube動画は、「マガジン」「メンバーシップ」「ストア」と同じ領域に表示されます。見せたいコンテンツの順に並び替えましょう。

1 「設定」をクリック

自分のクリエイターページを開き、「設定」をクリックします(❶)。

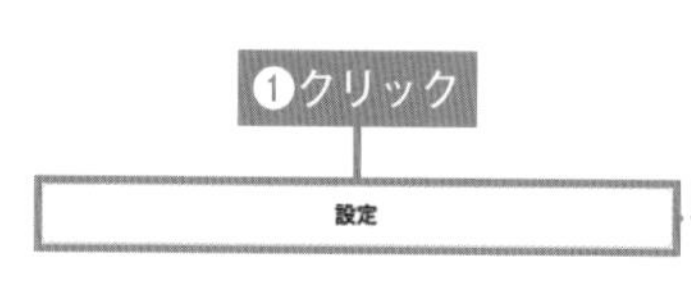

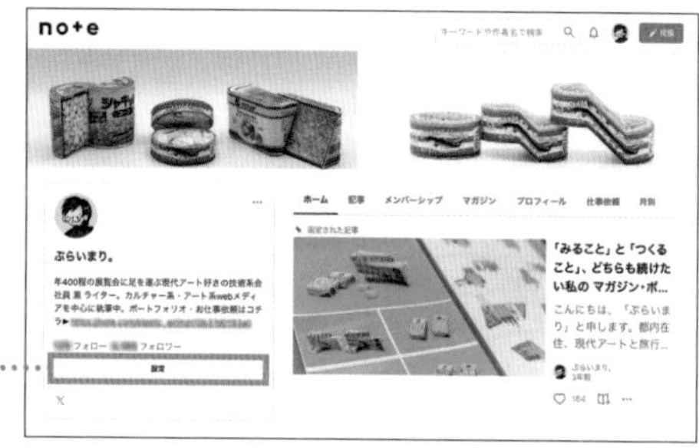

2 コンテンツをドラッグ

「コンテンツの並び」に、「マガジン」「メンバーシップ」「ストア」「ウィジェット」の項目があります。☰をクリックするとカーソルが手の形になるので、ドラッグして希望の並び順に変更します(❷)。

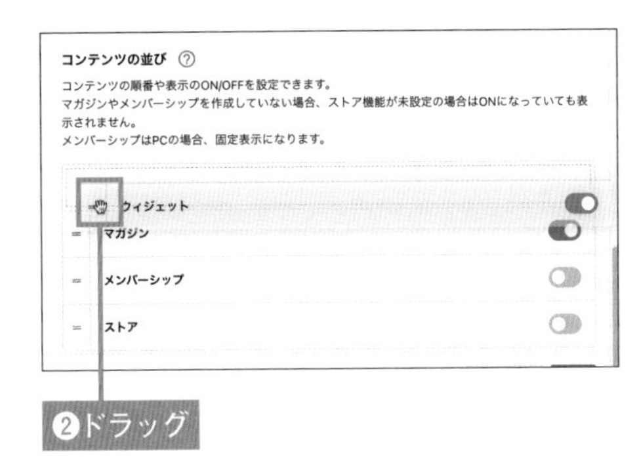

3 「保存」をクリック

右下の「保存」をクリックします(❸)。

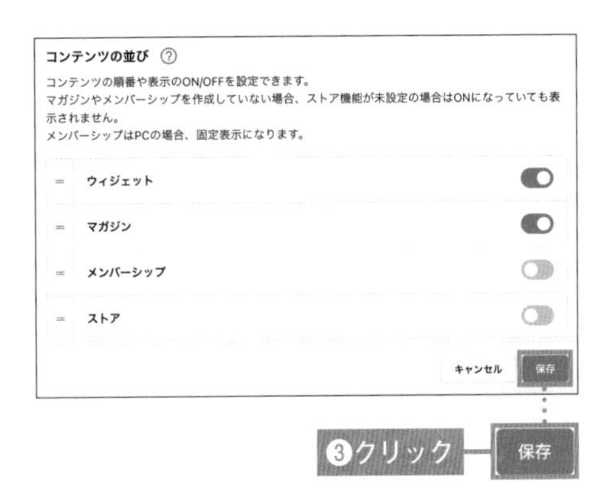

4 並び順の変更完了

自分のクリエイターページに戻ると、コンテンツの並び順が変更されます(❹)。

13-06 note pro（法人向け有料プラン）を活用しよう

一般向けのnoteプレミアムに対し、法人向けには「note pro」という有料プランがあります。カスタマイズで企業のオウンドメディアとして使用することができたり、noteのカスタマーサクセスチームのサポートを受けたりすることができます。

note proでできること

note proでは、個人向けのnoteプレミアムで使用できる機能に加え、法人のオウンドメディアとして運用する際に有用なサイトのカスタマイズや分析の機能が充実しています。

なお、次の表内の★は、noteプレミアムにもない、note pro限定の機能になります。

		無料note	note pro
コンテンツ制作	note AIアシスタント（β）	△月5回まで	○回数無制限。限定機能あり
	共同運営マガジン運営	△制約あり	○できる
	予約投稿	×できない	○できる
	コメント欄のオン・オフの切り替え	×できない	○できる
	メンバー権限管理 ★	×できない	○できる
サイト編集	amazonウィジェット	×できない	○できる
	独自ドメインの適用 ★	×できない	○できる
	独自ロゴの設定 ★	×できない	○できる
	認証マーク付与 ★	×できない	○できる（ただし、審査あり）

サイト編集	ページのカスタマイズ ★	記事一覧のレイアウト（3種）	以下のカスタマイズが可能 ・メニュー ・テーマカラー ・お知らせ枠の設定 ・サポートエリア ・記事一覧のレイアウト（4種）
	フォロー／フォロワー数表示のオン・オフの切り替え ★	×できない	○できる
	複数のソーシャルリンク追加 ★	×できない	○できる
	note検索結果キーワード登録 ★	×できない	○できる（ただし、審査あり）
分析	note pro アナリティクスβ ★	×使用できない	○使用可能
	google analyticsの設置（有料オプション）★	×できない	○できる
サポート	運営サポート ★	×ない（ただし、一般的な無料勉強会などはあり）	○個別ミーティングや勉強会などのサポートあり
課金プラン	定期購読マガジンの掲載	×できない	○できる（ただし、審査あり）
	記事の数量限定販売	×できない	○できる
	メンバーシップの無料プランの設定 ★	有料プランのみ設定可能	○できる（ただし、審査あり）
セキュリティ	新しいログインのお知らせ ★	×通知はない	メールによる通知
	IPアドレスによる管理画面のアクセス制限 ★	×できない	○できる
	ログイン履歴の確認 ★	×できない	○できる
	2段階認証（SMS）★	×できない	○できる

note pro への申し込み方法（事前準備）

note proに申し込む前に、いくつかの準備が必要になります。

手順	項目	内容
❶	noteアカウントの準備	最初からnote proを使って運用することを決めている場合でも、まずはnoteアカウントを取得し、note IDを設定します。
❷	支払い方法の検討	note proには、「月払い」と「年払い」があり、「年払い」のほうが1ヶ月分お得になります。また、支払いは「クレジットカード払い」と「請求書払い」から選択できます。
❸	独自ドメインの設定の検討	note proでは独自ドメインを設定することができます。独自ドメインを設定せずに運用することも可能ですが、次の機能の利用には独自ドメインの設定が必要になります。 ・ロゴとfaviconの設定 ・記事全文のRSS配信 ・Googleアナリティクスのオプション（有料オプション）
❹	note pro利用規約・note株式会社プライバシーポリシーの確認	note proの利用にあたり、紙の契約書はありません。 オンラインで確認してください。

上記の準備が完了したら、Webのフォームから申し込みを行います。

note proへの申し込み方法（申請フロー）

申し込みは、支払い方法（請求書/クレジットカード）によりステップが異なります。請求書払いの場合、「事前申請フォーム」から、クレジットカード払いの場合は、「お申し込みフォーム」から申請を行います。

クレジットカード払いの場合、即日でnote proを利用できるようになります。note proのページの「今すぐ申し込む」をクリックし、会社名や担当者の情報を送信すると、note　proお申込みの案内メールが届き、こちらを入力すると利用を開始できます。

請求書で支払う場合は、noteがマネーフォワードケッサイ株式会社に、請求書の発行や代金の回収・管理を委託しており、申し込み前に「請求書払い 事前申請フォーム」の入力が必要となっています。その後、3営業日以内にクレジットカード払いと同じフォームが届きます。

以下にそれぞれの方法での申請フローを示します。

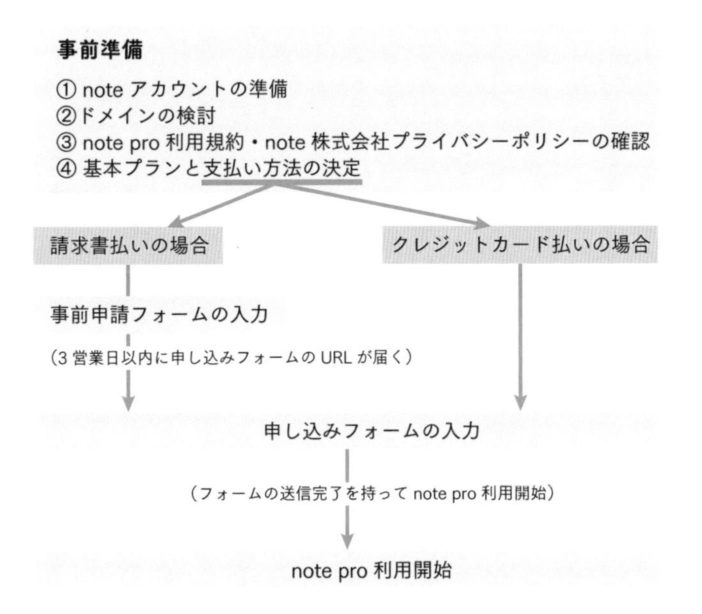

Column

公共・教育機関にはnote proを無償提供

noteでは、公共・教育機関には、note proを無償提供しています。note proを無償提供する特別プランの契約は1年契約で以降自動更新となり、2年目以降も無償でnote proを使用することができます。

次のようなプランがあります。

地方公共団体支援プログラム

全国の地方公共団体
都道府県市区町村（区は23区のみ）につき、1アカウントまで
申込主体は地方公共団体に限られる

学校支援プログラム

全国の小学校・中学校・高等学校・特別支援学校（公立・私立問わず）
1校につき、1アカウントまで

文化施設支援プログラム

全国の図書館、美術館、博物館、動物園、水族館、植物園、科学館
1施設につき、1アカウントまで

noteでは広告なども表示されないため公共性を担保できたり、note proではコメント欄を閉じることができる点も安心です。また、noteディレクターからの運用フォローもあるので、安心して運用を開始できます。

Chapter

14

もっとnoteを使いこなそう

ここまでで、一通りnoteを使って情報を集めたり、発信したりできるようになりました。最後に、知っておくと便利なnoteの機能を紹介します。

14-01 スマホアプリでnoteを使おう

note にはスマホアプリがあり、閲覧・投稿を行うことができます（一部、ブラウザ版からしか使用できない機能もあります）。

アプリをダウンロードする

noteアプリは、iPhone（iOS）でもAndroidでも使用することができます。

App StoreまたはGoogle Playストアで「note」や「ノート」で検索し、ダウンロードしましょう。

アプリでログインする

アプリをダウンロードしたらPCと同じアカウントでログインしましょう。ここでは、02-01（P.20）の方法で、PCで会員登録済みとして解説を進めます。

1 note アイコンをタップ

スマホのホーム画面でnoteアプリのアイコンをタップします（❶）。

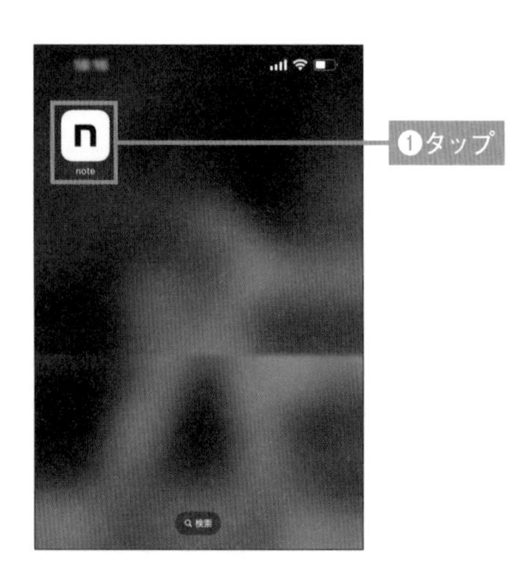

2 「ログイン」をタップ

「noteへようこそ！」と表示されるので、「ログイン」をタップします（❷）。

3 登録情報の入力

登録したアカウントとパスワードを入力し（❸）、「ログイン」をタップします（❹）。

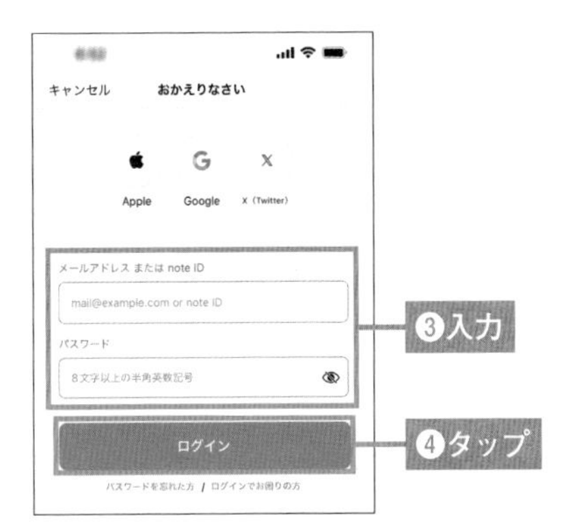

4 ログインの完了

noteにログインし、自分のアカウントページが表示されます（❺）。

一度ログインすれば、基本的に自身でログアウトするまでは、ログイン状態が保持されます。

アプリ版 note の基本的な使い方を知ろう

アプリ版でも基本的な機能はPC版と変わらずに使用できます。まずは、ホーム画面に表示されるメニューについて理解しましょう。

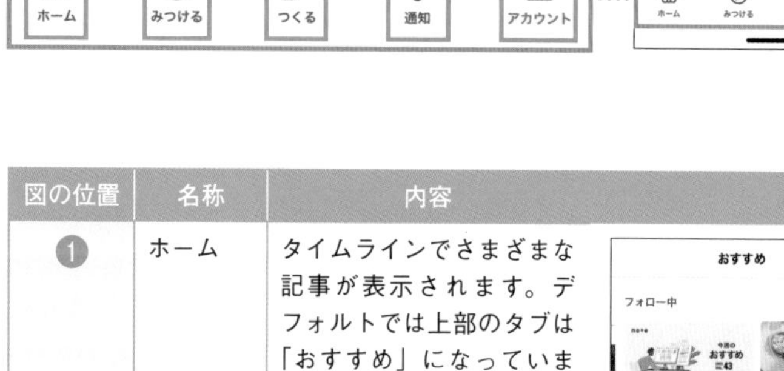

図の位置	名称	内容
1	ホーム	タイムラインでさまざまな記事が表示されます。デフォルトでは上部のタブは「おすすめ」になっていますが、「フォロー中」をタップすると、フォローしている人の記事だけが表示されます。

❷	みつける	あなたへのオススメ記事や、今日の注目記事、開催中のコンテストの情報などが表示されます。さまざまな切り口で記事を見つけることができます。	
❸	つくる	記事を投稿することができます。「noteを書く」はPC版の「テキスト」に該当し、そのほか、PC版と同様に「つぶやき」「画像」「音声」「動画」をスマホからも投稿することができます。	
❹	通知	PC版の通知と同様、フォローされたときや、「スキ」が送られたとき、コメントが送られた時などの通知が届きます。 また、「お知らせ」のタブではnoteからコンテスト情報や事務連絡などのお知らせが届きます。	
❺	アカウント	PC版で自身のアイコンをクリックしたときに表示されるのと同様に、「記事一覧」「マガジン一覧」や、各種設定などのメニューが表示されます。 ここで自分のアイコンをタップすると、自分のクリエイターページが閲覧できます。	

14-02 AIアシスタント機能を使おう

noteでは、AIが記事の作成をサポートしてくれる「note AIアシスタント（β）」機能があります。noteで書くネタに困ったときやリード文に困ったときなど、活用してみるのはいかがでしょうか。

「note AIアシスタント（β）」の利用資格

「note AIアシスタント（β）」は、AIがタイトルの提案やレビューなど、noteの記事作成をアシストしてくれる機能です。この機能は誰でも使うことができますが、会員タイプによって利用回数が異なります。

会員タイプ	利用回数
一般	5回／月
noteプレミアム	100回／月
note pro	無制限

テキスト記事でAIアシスタントを使う

「note AIアシスタント（β）」機能は、テキストの記事を作成する際に利用することができます。

1 「テキスト」をクリック

noteページの右上にある「投稿」をクリックし（❶）、表示されるメニューから「テキスト」をクリックします（❷）。

2 「note AI アシスタント(β)」をクリック

テキスト編集画面で、本文の入力欄をクリックすると、 + が表示されるので、これをクリックします(❸)。表示されたメニューから、「note AIアシスタント(β)」をクリックします(❹)。

3 依頼項目を選択

「note AIアシスタント(β)」では、さまざまな提案が可能です。この中から、今回使いたい機能を選択してクリックします(❺)。

選択できる機能は、「note AIアシスタント(β)」機能でできること」(P.281)で紹介しています。

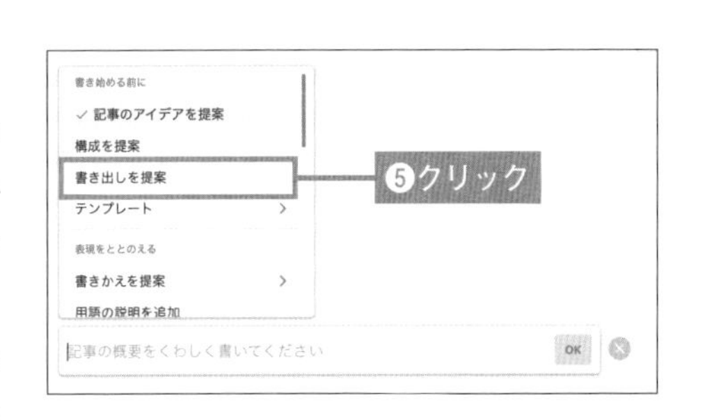

4 「OK」をクリック

選択した依頼項目で、具体的に依頼したい内容を入力し(❻)、「OK」をクリックします(❼)。

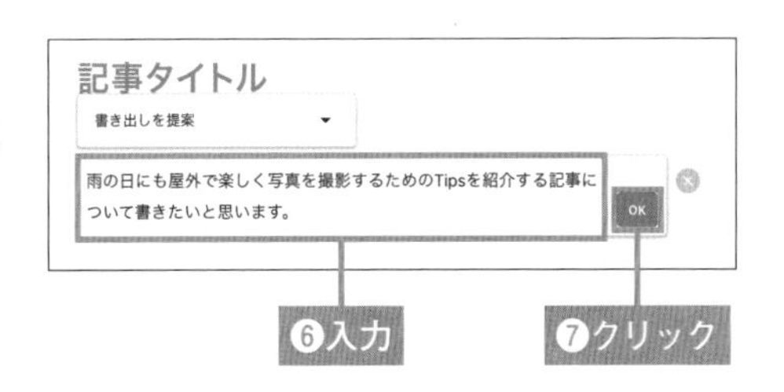

5 内容を確認

文章が生成されます。内容を確認し(❽)、問題がなければ「完了」をクリックします(❾)。依頼をやり直したい場合、「戻る」をクリックし、手順3からやり直しましょう。

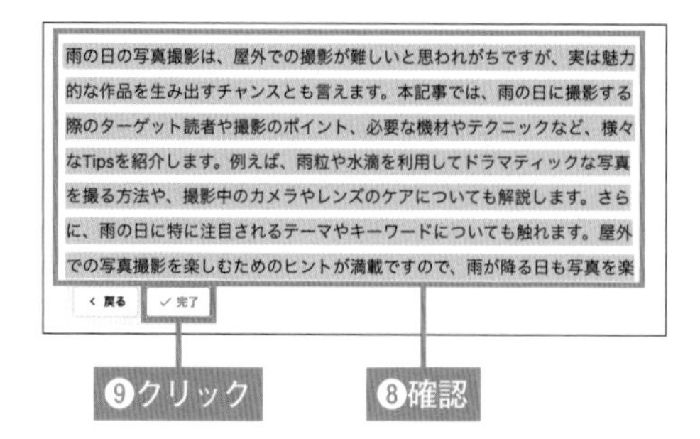

6 文章を整える

「完了」をクリックすると、生成した文章をエディタ上で編集できるようになります(❿)。「note AIアシスタント(β)」で生成した文章を整え、記事の作成を続けましょう。

雨の日は、屋外での撮影が難しいと思われがちですが、実は魅力的な作品を生み出すチャンスとも言えるんです！

本記事では、雨の日の撮影する際の撮影のポイント、必要な機材やテクニックなど、様々なTipsをご紹介します。また、撮影中のカメラやレンズのケアについてもあわせてご紹介します。

❿編集できるようになった

ワンポイント

文字列を選択してから「note AIアシスタント(β)」機能を使用

「表現をととのえる」「文章をまとめる」「レビュー」など、本文全体や本文の一部を参照してAIアシスタント機能を使用したい場合、全文を入力するのは手間ですよね。

文字列を選択した状態で、文章の上部に表示される「note AIアシスタント(β)」をクリックすると、選択した文字列がそのまま依頼の欄に入力された状態で依頼ができます。

「note AI アシスタント（β）」機能でできること

2023年10月現在、下記のような提案機能が実装されています。

書き始める前に

・記事のアイデアを提案
・構成を提案
・書き出しを提案
・テンプレート（プレスリリースの構成※/求人募集※/メルマガの構成※/会議のアジェンダ※/会議の議事録※/FAQの雛形※/イベント告知※/プロフィール文章

表現をととのえる

・書き換えを提案（やわらかく/フォーマルに/エモく/わかりやすく/完結に）
・用語の説明を追加
・類語を提案

文章をまとめる

・要約する
・3行まとめ
・SNS投稿用に
・文末のまとめ
・段落の見出しを提案

レビュー

・もっと読まれるように
・まちがいを見つける
・反対意見を聞く
・炎上リスクの確認※

タイトルを提案

・魅力的な
・フォーマルな

その他

・翻訳（英語/日本語/中国語/韓国語）

※はnote Pro限定の機能

14-03 QRコードを作成しよう

自身のnoteを、ポートフォリオのように使用したり、お店の紹介に使ったりする場合、クリエイターページをQRコードにして名刺やショップカードにすると便利です。クリエイターページからかんたんに作成できます。

QRコードを作成する

QRコードはnoteのクリエイターページからかんたんに作成できます。

1 「自分のクリエイターページを表示」をクリック

自分のアイコンをクリックし（❶）、「自分のクリエイターページを表示」をクリックします（❷）。

2 プロフォールの設定を開く

自分のプロフィールの欄にある、[…]をクリックします（❸）。

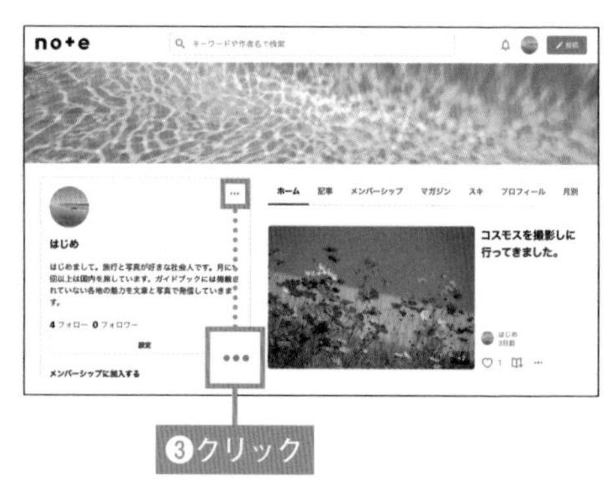

3 「QRコードをつくる」をクリック

表示されるメニューから「QRコードをつくる」をクリックします（❹）。

4 QRコードの表示

noteのロゴが入った自分のクリエイターページのQRコードが表示されます（❺）。

5 QRコードの保存

右クリックし、表示されたメニューから「名前を付けて画像を保存」をクリックし（❻）、PCへQRコードを保存します。名刺に印刷したり、情報交換に活用したりしましょう。

14-04 領収書を発行しよう

ほかのクリエイターのnoteを経費で購入する場合など、領収書を発行することができます。

購入履歴を確認する

まずは、記事の購入やメンバーシップ、サポートなどで支払いを行った履歴を確認します。

1 「アカウント設定」をクリック

自分のアイコンをクリックし（❶）、表示されるメニューから「アカウント設定」をクリックします（❷）。

2 「購入・サポート履歴」をクリック

表示されるメニューから「購入・サポート履歴」をクリックします（❸）。

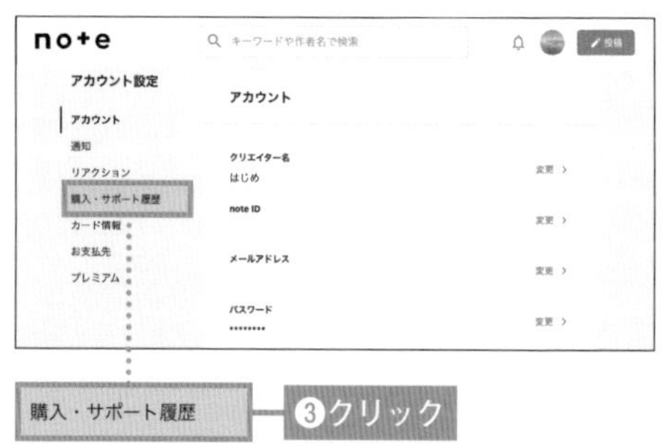

3 **記事の購入月を選択**

「購入・サポート履歴」右側で年月の選択欄をクリックし、領収書を発行したい記事の購入月を選択します(❹)。

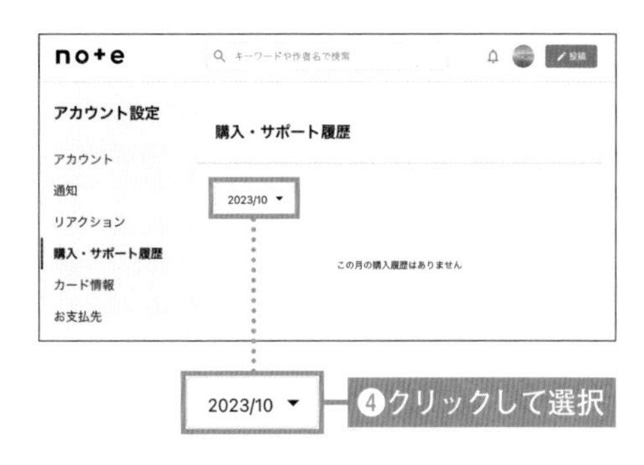

4 **購入履歴の表示**

選択した年月に購入した記事の一覧が表示されます(❺)。

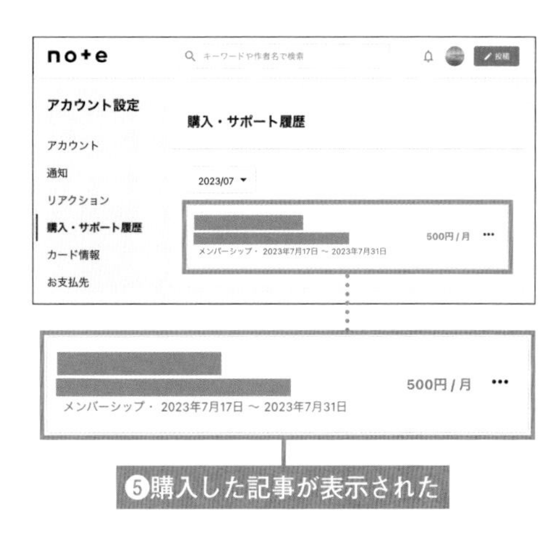

領収書を発行する

noteで購入を行ったものに対し、領収書を発行することができます。

1 **記事の選択**

前ページの「購入履歴を確認する」方法に従い、領収書を発行したい記事の購入履歴を表示させます(❶)。

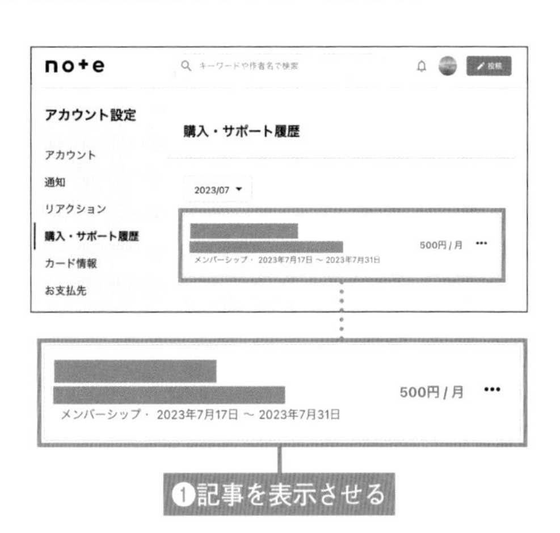

2 「領収書」をクリック

領収書を発行したい記事の右側にある、…をクリックし(❷)、表示される「領収書」をクリックします(❸)。

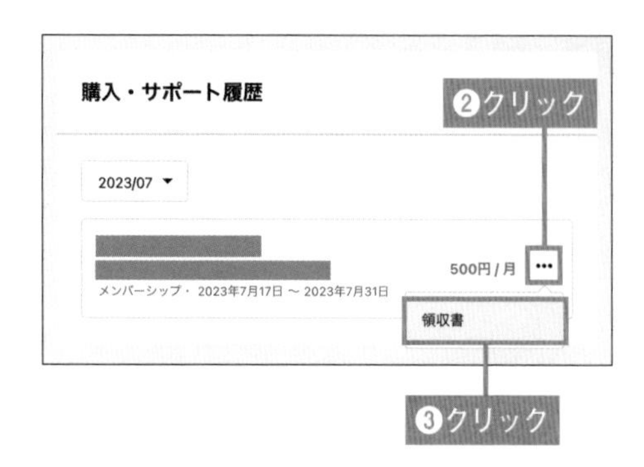

3 領収書の発行完了

領収書が発行されます(❹)。

4 領収書を保存

領収書の下部に表示される「このページを印刷してご利用ください」をクリックすると、印刷の画面が開きます(❺)。プリントアウトするか、pdfとして保存します。

Column

インボイスの対応について

2023年10月1日以降の決済から、noteでは、インボイスの記載事項を満たした領収書を発行できるようになりました。

■ (読者向け) noteを購入して領収書を発行する場合

P.285の手順で領収書を発行すると、販売者がインボイス発行事業者の場合、インボイスが発行されます。販売者がインボイス発行事業者登録をしていない場合は、通常の領収書が発行されます。

■ (クリエイター向け) インボイス発行事業者としてnoteに登録する場合

インボイス制度に対してのnoteの対応は次の通りです。

インボイス事業者の登録有無にかかわらず、売上の振込額は変わらない

クリエイターには、インボイス以前と変わらない振込額が振り込まれます。

事業者登録番号や個人名などの個人情報は公開されない

noteではインボイス制度の「媒介者交付特例」を利用しています。インボイス発行事業者番号をnoteに登録すると、購入者に事業者登録番号や個人名は開示されず、note社の情報が記載されたインボイスが発行されます。

■ 事業者登録番号の登録方法

マイページの「アカウント設定」から登録を行うことができます。「インボイス発行事業者登録番号」の「登録」をクリックし、パスワードの入力が求められた場合にはパスワードを入力します。

「インボイス発行事業者登録番号の登録」画面で事業者登録番号を入力し、「確認」をクリック。確認画面で内容を確認し、「保存」をクリックします。

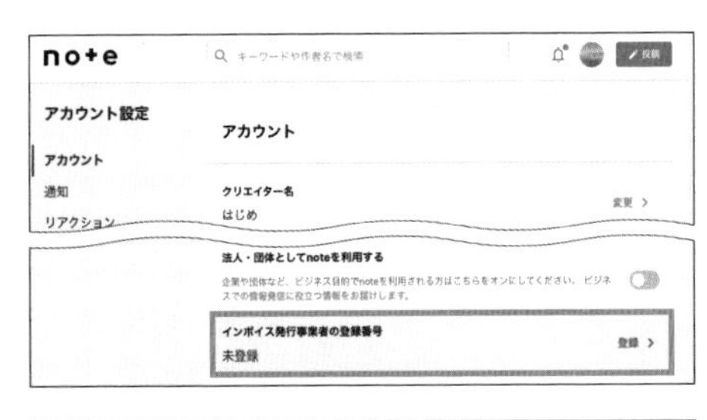

< インボイス発行事業者登録番号の登録

インボイス発行事業者登録番号

T

番号に紐づくクリエイターの個人情報(番号・氏名住所など)が公開されることはありません。媒介者交付特例・noteでのインボイス制度対応について、くわしくはヘルプをご確認ください。

キャンセル　確認

14-05 noteの勉強会を活用しよう

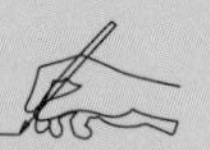

noteは公式で「活用術」の紹介や「オンライン勉強会」を行っています。創作に行き詰まったときや、話題のクリエイターの例に学びたい場合など、ぜひ参考にしましょう。

noteの活用術を知る

自分のアイコンをクリックし、表示されるメニューから「note活用術」をクリックすると、noteで創作を行うためのヒントとなるnote公式の記事を読むことができます。

たとえば、次のテーマで複数の記事が公開されています。

はじめての投稿のヒント
クリエイター別オススメ活用方法
多くのひとに届ける工夫
創作で収入を得る方法
note活用のアイデア

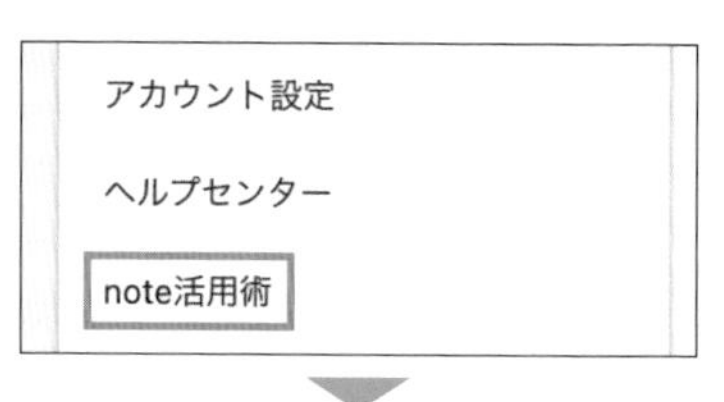

「オンライン勉強会」でクリエイターの基礎知識を得る

上記の「note活用術」ページ内の「オンライン勉強会」タブをクリックします。弁護士や弁理士など、さまざまな専門家による、「著作権」や「確定申告」といったクリエイターの基礎知識を得るための記事が公開されています。

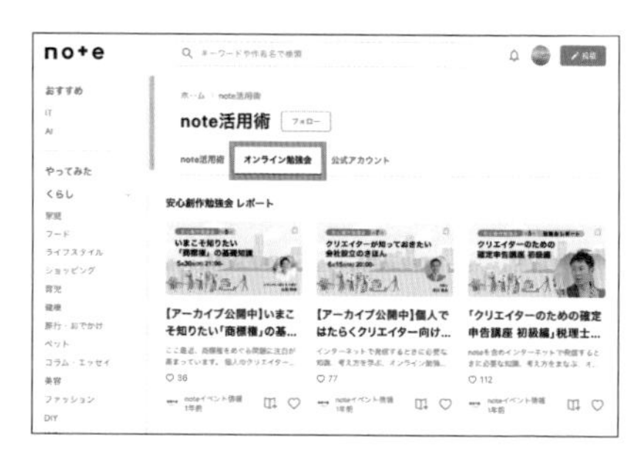

記事の中に勉強会の動画が埋め込まれており、オンラインのレクチャーを受けることができます。

「note イベント情報」のアカウントでイベントの情報を確認しよう

「note活用術」ページ内の「公式アカウント」のタブをクリックすると、さまざまな「公式noteアカウント」ページが表示されます。

この中の、「noteイベント情報」のアカウントをクリックしましょう。

「noteではじめる収益化」の講座や、創作の場とトークイベントを組み合わせた「オフライン創作会」など、noteの創作に役立つオンライン/オフラインのさまざまなイベントの情報が公開されています。

ぜひフォローして、タイムリーに情報をキャッチしましょう。

Youtube の公式チャンネルで創作のコツを学ぶ

YouTubeのnote公式ページでは、noteの使い方や、noteのイベント動画のアーカイブのほか、【創作】【ビジネス】【生成AI】など、さまざまなクリエイターを招き、創作のコツなどを聞くイベントの動画が発信されています。

こうしたさまざまな勉強会やイベントの記事や動画を参考に、よりよいnoteを探っていきましょう。

14-06 noteの退会方法を知っておこう

最後に、noteを退会する方法についても説明します。noteを退会すると、できなくなることも確認した上で手続きを行いましょう。

noteを退会した場合

noteを退会すると、これまでに利用していたアカウントは次のようになります。

退会した場合

- 購入した記事やマガジン、メンバーシップなどの有料コンテンツの閲覧ができなくなります。
- 記事へのコメント、スキの履歴、フォローしたクリエイターなど、アカウントの情報が削除されます。なお、メンバーシップ参加メンバーが退会した場合、掲示板へのコメントは削除されません。
- 未申請の売上金の振込申請ができなくなります。
- 退会したnote IDは再利用できません。

note IDやメールアドレスを変更することは可能です。自分のクリエイターページを再構築したい場合など、一度、代替手段がないか検討してみましょう。

noteを退会する

1 「アカウント設定」をクリック

自分のアイコンをクリックし(❶)、表示されるメニューから「アカウント設定」をクリックします(❷)。

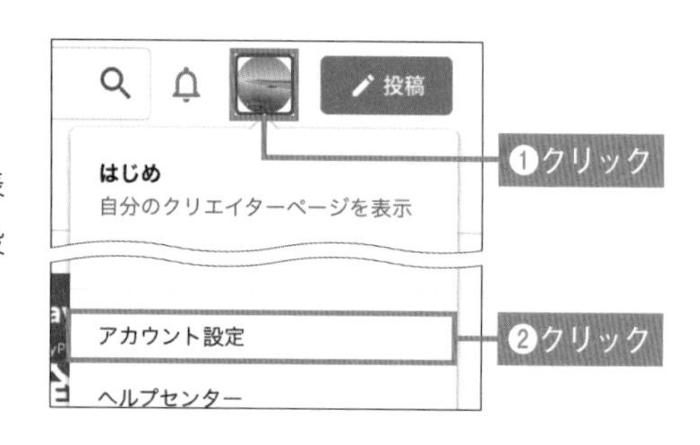

2 「退会手続きへ」をクリック

「アカウント」の画面が表示されます。ページの最下部にある「退会手続きへ」をクリックします（❸）。

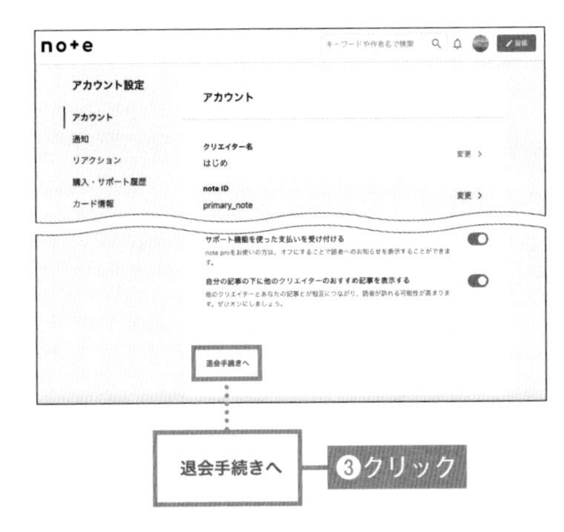

3 「退会する前に」を確認

「noteを退会」のページが表示されます。黄色枠で囲まれた「退会する前に」の項目を確認します（❹）。

下記の項目が完了していない場合、退会することができません。

- 定期購読中のマガジンの購読停止
- note プレミアムの停止
- 参加中のメンバーシップから退会
- 運営中のメンバーシップのプラン停止
- note proの解約

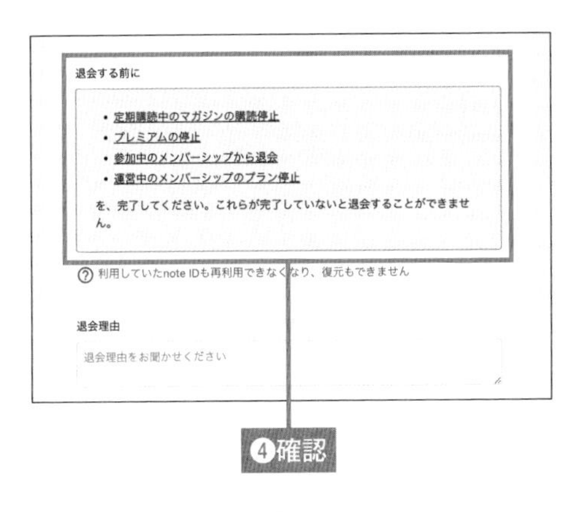

4 退会理由を入力

「退会理由」の欄に退会理由を入力します（❺）。

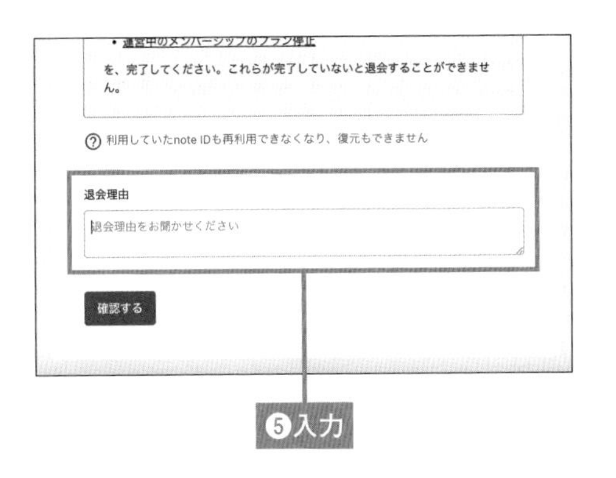

5 「確認する」をクリック

下部の「確認する」をクリックします（❻）。

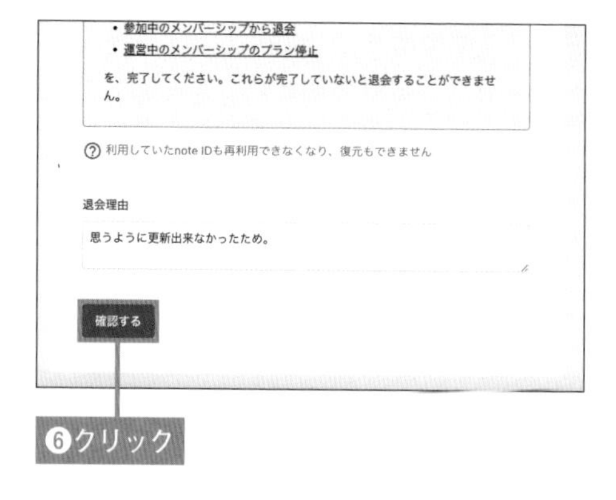

6 「退会する」をクリック

「本当に退会してよろしいですか？」と注釈画面が表示されます。パスワードを入力し（❼）、「退会する」をクリックします（❽）。

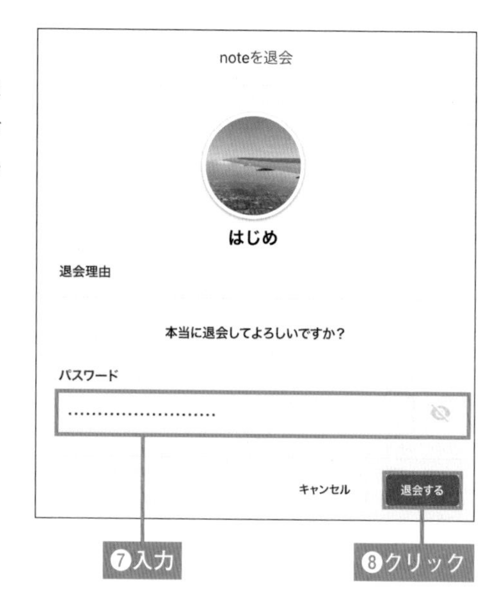

7 退会の完了

noteの退会が完了します（❾）。

索引

記号・アルファベット

ア行

カ行

サ行

タ行

ハ行

マ行

ヤ・ラ行

著者略歴

ぷらいまり。

化学メーカーに技術職として勤務する傍ら、NPOの講座で現代アートを学び、週末は美術館や芸術祭などのボランティアスタッフとして作品ガイドやイベント企画を行ってきた。ライフワークとしてアート関連情報を発信するため、2014年4月、noteのサービス開始直後からnoteでの執筆を開始。noteをきっかけとして、現在はアート系・カルチャー系のwebメディアを中心に、アートライターとして活動中。美術館やギャラリーの取材レポート、インタビュー、解説記事などを手掛けている。

note ID：plastic_girl　X（旧twitter）：@plastic_candy

はじめる・楽しむ・発信する
noteのガイドブック

2024年 1月 3日 初 版 第1刷発行
2024年 2月15日 初 版 第2刷発行

著者 ぷらいまり。
発行者 片岡 巌
発行所 株式会社技術評論社
東京都新宿区市谷左内町21-13
電話 03-3513-6150 販売促進部
03-3513-6160 書籍編集部
印刷／製本 日経印刷株式会社

定価はカバーに表示してあります。

ISBN978-4-297-13879-0 C3055
Printed in Japan

●装丁
クオルデザイン 坂本真一郎
●カバーイラスト
西田磨由
●本文デザイン＆DTP
SeaGrape
●編集
土井清志
●お問い合わせページ
https://book.gihyo.jp/116

■お問い合わせについて

本書の内容に関するご質問は、下記の宛先までFAXまたは書面にてお送りください。電話によるご質問、及び本書に記載されている内容以外の事柄に関するご質問にはお答えできかねます。あらかじめご了承ください。

〒162-0846
東京都新宿区市谷左内町21-13
株式会社技術評論社 書籍編集部
「はじめる・楽しむ・発信する
noteのガイドブック」質問係
FAX番号 03-3513-6167

なお、ご質問の際に記載いただいた個人情報は、ご質問の返答以外の目的には使用いたしません。また、ご質問の返答後は速やかに破棄させていただきます。